微波烧结处理放射性污染土壤

卢喜瑞　罗　雾　舒小艳　唐鹤溪　著

科学出版社

北京

内 容 简 介

本书系统地介绍放射性污染土壤的来源、特点及类型，放射性污染土壤的处理方法，微波烧结技术在放射性废物处理及污染土壤方面的应用，以及微波处理模拟三价铜系元素污染土壤、微波处理模拟四价铜系元素污染土壤、微波处理模拟双铜系元素污染土壤、微波处理模拟核试验场铀污染土壤、微波处理模拟不同种类铀污染土壤、微波处理模拟铀尾矿库污染土壤、微波处理模拟核应急环境下含锶污染土壤。本书步骤描写具体细致，实验过程系统完整，全书图文并茂、数据翔实，具有较强的指导性和可操作性。本书理论论证科学，实践性强，及时、准确地反映了国内外在该领域的最新研究成果。

本书适合环境工程、材料科学、矿物学、地质类的本科生和研究生学习，也可供相关专业的教学与科研人员参考。

图书在版编目（CIP）数据

微波烧结处理放射性污染土壤/卢喜瑞等著. —北京：科学出版社，2022.3

ISBN 978-7-03-071445-9

Ⅰ．①微…　Ⅱ．①卢…　Ⅲ．①放射性污染－污染土壤－污染防治　Ⅳ．①X53

中国版本图书馆 CIP 数据核字（2022）第 025532 号

责任编辑：刘　琳 / 责任校对：杜子昂
责任印制：罗　科 / 封面设计：墨创文化

科 学 出 版 社 出版

北京东黄城根北街 16 号
邮政编码：100717
http://www.sciencep.com

成都锦瑞印刷有限责任公司印刷

科学出版社发行　各地新华书店经销

*

2022 年 3 月第 一 版　开本：787×1092　1/16
2022 年 3 月第一次印刷　印张：6
字数：150 000

定价：89.00 元

（如有印装质量问题，我社负责调换）

前　言

　　土壤作为生命的载体，与地球上的水、空气一样，是构成生命的基本要素之一，同时也是人类赖以生存、发展和进步的重要基石。但是，人类对核技术的应用会产生大量放射性物质，经过大气沉降、水源渗流等作用之后，这些放射性物质最终会进入土壤，导致土壤放射性污染，严重影响生态环境安全和人类健康。因此，世界各国针对放射性污染土壤开展了大量研究工作，形成了一套较为完善的治理体系和土壤修复技术。

　　传统土壤修复技术包括物理修复技术、化学修复技术、生物修复技术及联合修复技术等。然而这些土壤修复技术成本较高，耗时长，效率低，易对环境造成二次污染。目前，原位玻璃固化技术被普遍认为是理想的放射性污染土壤处理技术。微波烧结技术避免了传统烧结方法的缺陷，具有非晶化时间短、固化体均一度容易控制等优点，可应用于放射性污染土壤的处理。

　　本书利用微波烧结技术处理放射性污染土壤，开展了模拟核试验场 α 污染土壤、铀尾矿库污染土壤和核应急环境下含锶污染土壤的微波处理，从物相、结构及稳定性等方面综合评价固化体的特性，从而为放射性污染土壤的有效处理提供部分基础研究。本书共分为6章，其中，第 1 章对放射性污染土壤的来源、特点和类型进行概述，第 2 章简要介绍放射性污染土壤的处理方法，第 3 章主要介绍微波烧结技术在放射性废物处理及污染土壤方面的应用，第 4～6 章分别为模拟核试验场 α 污染土壤、铀尾矿库污染土壤和核应急环境下含锶污染土壤的微波处理。卢喜瑞负责全书的统编，唐鹤溪撰写第 1 章和第 5 章，舒小艳撰写第 2 章和第 3 章，罗雾撰写第 4 章，卢喜瑞撰写第 6 章，苗玉龙、袁北龙、赵媛媛等对整书的图表加工做了大量工作。

　　本书的研究主要在国家自然科学基金面上项目"微波烧结 α 污染土壤的固核机理与稳定性研究"（1677118）的资助下开展，并获得了环境友好能源材料国家重点实验室、核废物与环境安全省部共建协同创新中心、核废物与环境安全国防重点学科实验室和中国科学院近代物理研究所 320kV 高电荷态离子综合研究平台的帮助与支持。同时，本书的出版得到了科学出版社的大力支持，作者在此对帮助本书编写及出版的同志表示衷心的感谢！

　　放射性污染土壤处理的相关知识体系繁杂庞大，由于作者水平有限，书中难免存在不足及疏漏，恳请广大读者批评指正！

目　　录

第1章 放射性污染土壤概述

经济的发展、人类的生活都离不开能源的利用。目前世界上的能源主要依赖煤炭、石油、天然气等化石燃料,这些化石燃料的大量使用不仅会排放大量的硫,造成环境污染和生态破坏等问题,而且会引起全球气候变暖等效应。太阳能、风能、地热能、潮汐能等虽然都是理想的清洁能源,但是由于非常容易受地理位置、气候变化及技术条件等的限制,始终不能实现大规模的生产利用。核能作为一种经济、安全、清洁、高效的能源[1, 2],为能源危机的解决提供了有效途径,给人类的生活带来了诸多便捷。在核能的开发利用过程中,会不可避免地产生大量的核废物,给人类及其生态环境造成严重危害[3]。大部分的放射性污染物经过大气沉降、水源渗流等作用后进入土壤,随后通过生态循环进入动植物体内,然后通过食物链进入人体,这给人体健康构成严重威胁[4]。图 1-1 为放射性物质进入人体示意图。

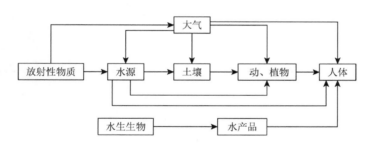

图 1-1 放射性物质进入人体示意图

土壤作为生命的载体,与地球上的水、空气一样,是构成生命的基本要素之一,同时也是人类赖以生存、发展和进步的重要基石。土壤自身具备一定的净化能力,当放射性废物进入土壤后,通过土壤的物理、化学及生物等过程,能够不断地被吸附、分解、转化,最终实现无害化。但是当放射性物质进入土壤的数量及速度超过土壤自身的容纳能力和净化速度时,土壤的性质、组分等就会发生很大改变,从而会破坏土壤的生态平衡,导致土壤功能失调、质量恶化[5]。

为顺应土壤环境保护、生态可持续发展的现实需求,在过去的 40 年里,欧洲、美国、日本、中国等国家和地区纷纷研发、制定了许多放射性污染土壤治理计划及方法,并针对不同类型土壤、不同污染源、不同放射性强度等形成了一套较为完善的治理体系,包括物理修复技术、化学修复技术、生物修复技术及联合修复技术等[6]。这些技术在处理一些低放射性土壤时具有良好的效果,但是由于放射性污染土壤的受污染方式及程度具有很大差别,尤其是被 α 核素所污染土壤的治理尤为困难,α 污染土壤中放射性污染物的成分较为复杂,其中锕系元素(actinides,U、Pu、Am、Cm 等)具有放射性强、半衰期长(如 ^{239}Pu

半衰期为 $2.4 \times 10^4 a$) 及生物毒性大等特点,且大多锕系核素自身极不稳定,可衰变释放出高能粒子(如 α 粒子能量为 4~6MeV),生成次锕系核素(minor actinides, ^{237}Np、^{241}Am、^{243}Am、^{247}Cm 等)。虽然所生成的次锕系核素种类较少,但由于其具有较长的半衰期,大多数次锕系核素又是 α 辐射体,在其衰变过程中产生的重离子、α、β 及 γ 射线会对人类及生态环境构成极大的危害[7],这对放射性污染土壤治理的安全性提出了较高的要求。因此,寻找高效快速且适应多种核素的 α 污染土壤治理方法,成为近年来放射性污染土壤处理处置研究的前沿及热点问题之一。

1.1　放射性污染土壤的来源及特点

放射性污染土壤中的放射性物质来源于两个方面[8]。一是天然放射性物质,此类放射性物质主要存在于天然产物之中,其种类较多,主要包括 ^{40}K、^{238}U、^{232}Th、^{226}Ra 等,它们经过自身衰变,产生一系列衰变子体,并广泛分布在土壤中,具体见表 1-1[9]。土壤属于天然放射性核素的主要储存库,但由于其在土壤中的含量较低,对人体及生态环境的影响不大。

表 1-1　土壤中天然放射性核素的含量

核素	比活度/(μCi/g)
^{40}K	0.8~2.4
^{238}U	0.1~1.9
^{232}Th	0.03~0.6
^{226}Ra	0.02~1.5

二是人工放射性物质,人工放射性污染是土壤放射性污染的主要来源。第二次世界大战后,人工放射性物质的大量出现使土壤的放射性污染发生了质的变化。人工放射性核素主要有 ^{137}Cs、^{240}Pu、^{131}I 等[8]。其主要来源如下。

1. 核试验

资料显示,自 1945 年美国在新墨西哥州开展第一次核爆试验以来,人类已经在所建核试验场进行了超过 2000 次的核试验,其爆炸方式有地表、高空、大气层以及地下核试验等[10]。在这些核试验场中,部分试验场曾进行过数百次的核试验,给核试验场及其周边地区造成了严重的土壤污染。造成核试验场土壤放射性污染的三类主要核活动如下[11]。一是近地表核试验,这类核试验对试验场土壤形成的污染主要集中在地面爆心附近区域及由爆炸风向支配的烟云沉降带,若形成爆炸坑,则在爆炸坑附近富集大量的放射性物质。二是有泄漏的地下核试验,地下核试验产生的放射性物质主要集中在爆心周围的地下空腔区域内,若爆炸造成明显泄漏,则会在爆心周边区域造成污染,且部分放射性物质会随水流渗透,从而扩大污染范围。资料披露,仅美国内华达核试验场(图 1-2)由于放射性泄漏造成的大面积土壤污染的地下核试验不少于 38 次。三是大气层核试验，大气层核试验爆炸后产生的放射性物质随风飘散最终降落到地面，是大面积放射性污染土壤的重要来源。例如，美国在 1954 年将一颗 600 万 t 以上三硝基甲苯 (trinitrotoluene, TNT) 当量的氢弹于马绍尔群岛比基尼环礁上空引爆，导致近 2 万 km^2 的区域变成永久的放射性污染区。

图 1-2　内华达核试验场及核爆炸的危害

　　由于核试验场所使用的类型、方式及次数不同，其污染核素的种类及场区的污染程度不同，具体见表 1-2。主要的放射性污染物有十几种[12]，包括：锕系核素 ^{238}Pu、^{239}Pu、^{240}Pu、^{241}Am 等；裂变产物 ^{90}Sr、^{137}Cs、^{155}Eu 等；次生放射性核素 ^{60}Co、^{152}Eu 等。

表 1-2　部分核试验场放射性污染情况

核试验场	主要污染核素
内华达核试验场	$^{238\sim240}Pu$、^{241}Am、^{137}Cs、^{90}Sr、^{60}Co、^{152}Eu 等
阿拉莫戈多试验场	$^{238\sim240}Pu$、^{137}Cs、^{152}Eu 等
比基尼试验场	$^{238\sim240}Pu$、^{207}Bi、^{241}Am、^{90}Sr、^{60}Co、^{152}Eu、^{155}Eu 等
埃尼威托克试验场	$^{238\sim240}Pu$、^{241}Am、^{137}Cs 等
约翰斯顿试验场	$^{238\sim240}Pu$、^{242}Pu、^{241}Am、^{244}Cm 等
阿姆奇特卡试验场	^{239}Pu、^{240}Pu、^{241}Am、^{137}Cs、^{3}H、^{7}Be、^{40}K 等
谢米巴拉金斯克试验场	$^{238\sim240}Pu$、^{137}Cs、^{90}Sr、^{60}Co、^{152}Eu 等
新地岛试验场	^{137}Cs、^{90}Sr 等
阿兹吉尔试验场	^{137}Cs、^{40}K、^{226}Ru、^{232}Th 等

2. 核燃料生产过程

　　核燃料生产过程主要有铀矿的开采、冶炼及燃料元件加工等。铀矿开采和冶炼过程产生的废物主要有废矿石、废矿渣、尾矿等固体废物，矿坑水、湿法作业中产生的工艺废水等液体废物，以及氡和钍的放射性气溶胶、粉尘等组成的气体废物。这类废物主要含有铀、钍、氡、镭、钋等天然放射性物质，比活度较低，产生的数量大。此类放射性污染由于其种类、数量不同，对环境造成的污染程度不同，成为土壤污染的最常见来源。

3. 核技术应用过程

放射性同位素的应用是核技术应用的主要领域，如武器研发、辐射保鲜、放射治疗、材料改性等；利用同位素示踪技术研究药物的作用、生物代谢、光合作用，进行肝肾扫描的医学诊断等。放射性同位素还用于发光涂料、射线测厚仪、金属探伤、消除静电等。在这些应用中，放射性同位素生产所产生的放射性废物相对量较小，污染性核素半衰期短、毒性低，多数的废物经过储存衰变可达到清洁解控水平，可以作为一般废物处置。此外，同位素生产应用产生的废物往往夹带生物废物，如实验动物尸体、生物排泄物和生物试样等，它们的生物危害作用可能大于放射性危害作用。在这个过程中还会产生的放射性废物有核素组成和特性多变的低水平放射性废物、废辐射源（主要是 ^{60}Co 源和 ^{226}Ra 源）等。这些废物进入土壤中，如果不加以处理，则会给土壤带来严重的放射性污染。

4. 核能科研及核事故

在一些核能研究院所、高校、医院及金属冶炼、生物工程等研究部门几乎都会涉及放射性方面的试验。在这些研究过程中，都会有放射性废物的产生，这些放射性废物随室内排水排气系统排放至水流或大气中，最终会渗透至土壤中，同样会对土壤造成严重污染。另外，在核能利用过程中，不可避免地会出现核事故。例如，1957 年，苏联车尔雅宾克钚生产基地发生储存罐爆炸事故，罐中含有大量的放射性核素，爆炸后在其厂区周围 0～300km 形成一个庞大的放射性沉积区，^{137}Cs、^{90}Sr、$^{239, 240}Pu$ 等核素大量沉积，造成了严重土壤污染，涉及人口约 27 万人。2011 年，日本福岛核电站发生爆炸，污染物对核电站周围土壤及地下水造成了严重污染，事故的发生直接或间接造成近 2 万人死亡，近 10 万人被迫迁移[13]。

这些放射性物质无论是扩散到空气中还是进入水源中，最终在生态循环的作用下汇集于土壤中。土壤中的放射性污染物通过食物链（植物—动物—人类）的作用进入人体，对人的生命健康造成巨大的危害[14]。不同放射性元素在人体内部的转移不同，危害也有所区别。例如，可溶性的 UO_2^{2+} 进入人体后，在血液中有 60%的 UO_2^{2+} 形成了具有超滤性的碳酸氢盐化合物而转移到各组织器官，40%的 UO_2^{2+} 与血红蛋白结合，铀(U)化合物主要损伤器官是肾脏，随后出现神经系统和肝脏病变等。镭(Ra)是亲骨性元素，主要蓄积在骨骼。急性镭中毒会引起与外照射相似的急性放射病，造成骨髓损伤以及造血组织的严重破坏等，慢性镭中毒可引起骨肿瘤和白血病[15]。钍(Th)主要蓄积于肝、骨髓、脾和淋巴结，其次是骨骼和肾。钍在人体中聚集会造成人体的造血功能障碍、机体抵抗力减弱、神经功能失常以及由脏器损伤导致的病变和致癌效应[4]。氡(Rn)可沉积于肺部，处于原子态的氡子体则沉积于呼吸道，氡子体的长期过量积累使肺部和上部支气管的上皮基底细胞接受慢性照射可诱发肺癌[4, 15]。钋(Po)在放射性元素中最容易形成胶体，它在体内水解生成的胶粒极易牢固地吸附在蛋白质上，也能与血浆形成不易扩散的化合物，进入人体后能长期滞留于骨、肺、肾和肝中，引起严重的辐射损伤，远期效应可引起肿瘤。此外，个别放射性同位素可以分布到人体各个部位，影响的不仅仅是个体本身，还会形成遗传效应对个体的后代带来危害[16]。为了保证人体及生态环境不受放射性污染物的侵害，应对放射性污染土壤进行防治和处理。

1.2　放射性污染土壤的类型

目前对于放射性污染土壤尚未有统一的分类标准，可按照不同的要求将其进行分类。

1. 按土壤类型分类

受到自然条件和土壤自身发生规律的影响，世界上不同国家和地区的土壤分类标准不尽相同。目前主要有美国土壤分类体系、苏联土壤发生分类及西欧土壤发生分类等。本书以我国土壤系统分类为标准，分为 12 个土纲，32 个亚纲，61 个土类，200 多个亚类；总体可分为以红壤和黄壤为代表的黏质土，以棕壤、潮土等为代表的壤土及以风沙土为代表的砂质土等三种类型。

2. 按污染物种类分类

根据污染核素种类的不同，放射性污染土壤也呈现出不同类型的辐射危害，可分为 α 污染土壤、β 污染土壤、γ 污染土壤及多核素污染土壤。单一种类的污染常见于核技术应用所发生的应急事故中，多核素污染常见于大型核试验所遗留的污染区域。

3. 按照射量率分类

放射性污染土壤属于固体放射性污染物，按照国际原子能机构 1970 年对固体放射性废物所推行的标准，对于表面照射量率低于或等于 0.2R/h 的污染区域不必采用特殊处理；对于表面照射量率高于 0.2R/h 的污染区域需要进行物理屏蔽处理或采用修复技术去除放射性核素。

参 考 文 献

[1]　考夫曼 B. 核燃料循环中放射性废物的处理和处置[M]. 汤宝龙，译. 北京：原子能出版社，1981.
[2]　连培生. 原子能工业[M]. 2 版. 北京：原子能出版社，2002.
[3]　陈思，安莲英. 土壤放射性污染主要来源及修复方法研究进展[J]. 广东农业科学，2013，40(1)：174-177.
[4]　刘忠义，杨川，黄子涛，等. 放射性污染土壤危害及其防治对策的探讨[J]. 环境与可持续发展，2010，35(6)：33-36.
[5]　高伟生. 环境地学[M]. 北京：中国科学技术出版社，1992.
[6]　骆永明. 污染土壤修复技术研究现状与趋势[J]. 化学进展，2009，21(2)：558-565.
[7]　Lu X R, Dong F Q, Chen M J, et al. Self-propagating high-temperature synthesis of simulated An³⁺ contained radioactive graphite in N₂ atmosphere[J]. Energy Procedia, 2013, 39: 365-374.
[8]　董武娟，吴仁海. 土壤放射性污染的来源、积累和迁移[J]. 云南地理环境研究，2003，15(2)：83-87.
[9]　谈树成，薛传东，赵筱青，等. 地球环境中的放射性污染[J]. 云南环境科学，2001，20(3)：7-9.
[10]　卢喜瑞，崔春龙，宋功保，等. 锆英石基 An⁴⁺放射性核素固化体性能研究[J]. 中国环境科学，2012，31(6)：938-943.

[11]   Huang Q，Kang F，Liu H，et al. Highly aligned $Cu_2O/CuO/TiO_2$ core/shell nanowire arrays as photocathodes for water photoelectrolysis[J]. Journal of Materials Chemistry A，2013，1(7)：2418-2425.

[12]   Wang K D，Ming F F，Huang Q，et al. Study of CO diffusion on stepped Pt (111) surface by scanning tunneling microscopy[J]. Surface Science，2010，604(3-4)：322-326.

[13]   陈达. 核能与核安全：日本福岛核事故分析与思考[J]. 南京航空航天大学学报，2012，44(5)：597-602.

[14]   朱寿彭，李章. 放射毒理学[M]. 苏州：苏州大学出版社，2004.

[15]   陆地. 高风险放射性核素简介[J]. 检验检疫科学，2007，17(4)：52-55.

[16]   朱茂祥. 放射性核素的健康影响及促排措施[J]. 癌变·畸变·突变，2011，23(6)：468-472.

第 2 章　放射性污染土壤的处理方法

目前，对于放射性污染土壤的处理或修复方式主要分为以下三种：以客土法为主的物理修复、以淋洗(清洗)法为主的化学处理或修复及以植物修复为代表的生物净化，实际处理中通常根据核素污染类型及土壤污染规模选择相应的处理模式[1-3]。一般情况下，大面积的放射性污染土壤的处理难度要高于小面积的放射性污染土壤。对于大面积的放射性污染土壤，采用铲土去污法、覆盖客土法、悬土移除法等物理处理法使核素直接与人类的活动范围隔离[4]。对于小面积的放射性污染土壤，特别是核应急事故产生的放射性污染土壤，通常选择处理速度快、效果好的化学处理法。形成环境长期污染的主要是一些长寿命裂变产物和核材料等元素，如氚(^{3}H)、铯(^{137}Cs)、锶(^{90}Sr)、钚(^{239}Pu)、铀(^{238}U)等，因此针对这些主要污染核素的物理及化学特征，先后开发出了电动力学法、淋洗去污法、原位固化法[5]。此外，根据具体的治理需求，可同时使用不同类型的处理方法以达到更佳的去污及修复目的。例如，2011 年在日本福岛核事故中，由于受到污染的土壤面积较大，实际操作中采用铲土去污法、深翻客土法、悬土移除法、植物修复法及农业化学法等技术共同净化核污染[6]。

2.1　物理修复技术

对于放射性污染土壤，根据土壤中放射性元素的不同性质，可采用不同方法将其去除。常用的物理方法有铲土去污法、客土法、悬土移除法等。

铲土去污法指将核污染土壤(一般是表层土)铲走，集中运往专业核处置场地进行处理和处置，使放射性物质脱离土壤和民众活动范围。但铲土去污法存在一些缺点：劳动强度大、工人易受伤害、运作成本高等。铲土去污法多用于处理污染面积小、放射性污染量大、放射性污染物半衰期长、难分解、易扩散的土壤。日本福岛核事故后，日本政府在整治受污染农田时，通过去除农田表面 2～4cm 的土壤，铯含量明显降低，去除的有效性可以达到 75%～97%。但是该方法的缺点同样显而易见，以去除表层 4cm 的土壤为例，每整治 1hm^2 将产生高达 400t 的废土，这些废土的处理也将成为一个难题。常常采用一些临时性措施来为最终处理赢取时间，如用沙袋对去除的表层土进行覆盖以暂时保存，不过这些措施往往存在很大的安全隐患[2]。

客土是相对于被污染的本土而言的。深翻客土法是通过深犁的方法将被放射性物质污染的表层土翻至土壤深层，将深层未受核污染的土壤翻至表层，降低表层土的污染水平，表层覆盖的未污染土壤可以屏蔽放射性污染物，减小放射性物质对公众和生态的影响。深翻客土法具有劳动强度小、费用低等优点，适用于放射性污染程度较小、厚度大的放射性土壤，但是也存在在处理严重放射性污染土壤时效果不佳、污染水资源造成二次污染的不足。

覆盖客土法是将未受放射性污染的土壤(清洁土壤)直接覆盖在污染土壤表面,在一定程度上能够阻止放射性污染物进入食物链进而对人体造成伤害。覆盖客土法的优点在于清洁土壤可以阻止污染土壤中的放射性污染物进入食物链。清洁土壤的厚度要满足要求,能够保证植物根系隔离在污染土壤外。覆盖客土法的缺点是不能去除土壤污染物,没有彻底消除土壤污染物的潜伏危害。使用客土覆盖时,清洁土壤的厚度要视情况而定。覆盖客土法的关键是要选定清洁土壤的厚度,屏蔽放射性污染物即可。

悬土移除法主要适用于类似稻田的表层上有大量水的土壤。在这种环境下将土与水的薄层界面搅拌形成糊状,吸附糊状悬浮层的污染土壤颗粒,然后对沉降得到的沉淀物进行分离,从而进行处理和处置。研究证明悬土移除法能够有效去除土壤中 36% 的铯,还可以减少大约 15% 的污染物剂量。悬土移除法的最大优点在于处理量较少[7],但也存在移除的土壤中含有无害有机物的不足。

2.2　化学修复技术

对于处理核事故产生的放射性污染土壤,可以选择处理速度快、效果好、不产生二次污染的化学处理法。化学处理法存在运行成本高、对土壤结构造成损害的缺点,不便于单独用于大面积放射性污染土壤的处理,一般情况下将化学修复技术与其他修复技术联合运用可以得到更好的效果。化学处理法有清洗去污法、土壤淋洗法等。

清洗去污法的原理是选取水或去污剂将污染土壤中的核素洗涤出来,然后通过物理或化学的方法将清洗试剂再生而循环使用,最终使被去污的土壤能够达到回填的要求,对处理过程中产生的泥浆状物质进行固化和处理。柠檬酸、乙二胺四乙酸(ethylenediaminetetraacetic acid,EDTA)、草酸、硝酸等都可以用作去污剂。粗糙、比表面积小的土壤更容易被污染,因此土壤清洗去污时必须考虑污染土壤的地点、污染土壤的类型、pH 和土壤粒径分布等因素[8]。1995 年 1 月,在美国汉福德厂址采用清洗去污法处理了 ^{24}Cr、^{137}Cs、^{152}Eu、^{60}Co 等核素污染的土壤 101.1t,其中去污工艺主要包括洗涤、磨刷、提取与处理等。利用 4 个放射性检测仪在不同的地点取样进行分析,大约 85.4% 的土壤回填到挖掘处。其中,^{24}Cr 核素降低率为 17.4%,^{137}Cs 核素降低率为 70.6%,^{152}Eu 核素降低率为 87.5%,^{60}Co 核素降低率为 83.2%。

土壤淋洗法的原理是利用流体使土壤中的放射性污染物产生溶解或迁移作用,将放射性污染物从土壤中清除。利用水力压头促使淋洗剂注入被污染土壤中,从土壤中抽取含有污染物的淋出液,而后对其进行水处理并将污染物分离出来[9]。使用土壤淋洗法清洁去污土壤时发生的络合反应和氧化-还原反应都会影响核素的迁移。与矿物核素发生络合作用的核素也会产生迁移和沉淀现象;核素会因为氧化-还原反应发生价位变化从而影响其可溶性。

如图 2-1 及图 2-2 所示,土壤淋洗法又可分为原位淋洗及异位淋洗两种。Mason 等[10]采用土壤淋洗法将 0.5mol/L 的 NaHCO$_3$ 溶液作为去污剂对铀污染土壤进行去污,核素的去除率可达到 75%~90%。董姗燕[11]通过对镉重金属离子污染土壤进行修复,研究发现利用螯合剂能有效地将污染物淋洗出,为土壤淋洗法去污提供了参考。沙峰[12]以 ^{137}Cs 等核

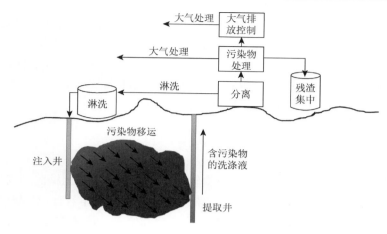

图 2-1　原位淋洗示意图

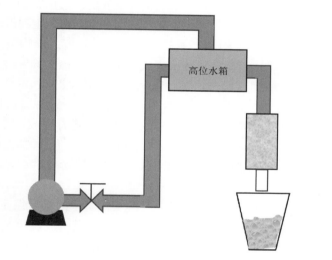

图 2-2　异位淋洗示意图

素污染的部分土壤为研究对象，探讨了土壤淋洗法去污的效率以及影响其效率的主要因素，如浓度、时间、温度、流量等。万小岗等[13]在处理重金属离子经验的基础上，针对铀污染的土壤，对碳酸盐淋洗除铀的各个影响因素进行研究，探索出简单、高效的碳酸盐淋洗除铀技术。随后，刘军等[14]采用静态实验和动态柱实验分别对比研究了铀-碳酸/钙-铀-碳酸络合物对纳米铁和红土吸附铀性能影响，模拟了可渗透反应墙，探究纳米铁原位修复铀污染红土效果。施章宏等[15]通过研究钍污染土壤的修复技术，发现土壤淋洗法对于污染严重、面积小的土壤具有治理效果明显、迅速的特点，较适合水力传导系数较大的轻质土壤。Xu 等[16]对从一种沙漠污染土壤中提取 Pu 的无机酸、有机酸和氧化剂进行了筛选研究，发现无机酸、有机酸和氧化剂均可获得较高的萃取效率，而 H_2SO_4 是从试验土壤中提取 Pu 的首选试剂。此外，采用絮凝沉淀法研究了渗滤液中 Pu 的去除率，发现在无机酸浸出聚合氯化铁（polyferric chloride，PFC）沉淀的优化条件下，Pu 的去污效率和去污因子分别高于 99%和 1000 以上，可用于 Pu 污染现场的修复或应急处理。淋洗剂存在再处理的问题，使其修复成本增加，所以不适用于大面积的土壤修复。通过近年来放射性污染土壤在土壤淋洗法方面的发展，钱骏等[17]介绍了核应急中放射性铯离子去除的研究进展，发现目前研究较多的方法是将吸附剂与土壤和水混合起到化学上淋洗的作用，将铯吸附后分离吸附剂，从而实现土壤净化的目的。

2.3　生物修复技术

通常物理修复技术和化学修复技术成本较高，容易破坏污染土壤的结构和理化性质，甚至对其造成二次污染。生物修复技术不仅对环境友好而且成本较低，对放射性污染土壤的表层和亚表层甚至更深层都可以净化修复[18]。植物修复、微生物修复、菌根修复等为常用的生物修复技术。

植物修复通过研究、选择、培育可以吸收和富集放射性污染物的植物，利用植物吸收污染土壤中的放射性元素，再通过处理吸收放射性元素的植物来达到治理放射性污染土壤的目标[19]。可以用来治理放射性污染土壤的植物修复技术有：植物蒸发技术，即植物从土壤中吸收放射性元素，然后通过叶面蒸发变成气态物质；植物固定技术，即使用某种耐放射性元素污染的植物来固定放射性元素，减少其对土壤、空气和水资源的污染，固定放射性元素后对其进行再处理[20]；植物提取技术，即选择对于某种放射性元素可以实现超积累现象的植物，栽植这种植物可对土壤中的放射性元素进行吸收、富集，最后对植物进行进一步的处理[21]。例如，Eapen 等[3]研究发现牛角瓜对于 ^{90}Sr 污染土壤拥有一定的修复处理能力；Srivastava 等[22]研究发现黑藻可以在铀溶液中持续吸附 ^{238}U 核素，而且可以通过自身酶调节恢复到原样。

微生物修复利用微生物的吸附作用特性，对污染土壤中的放射性元素进行治理，此过程与植物固化放射性元素比较相似，微生物表面可以直接吸附放射性元素并将其固定在土壤中。此外，还可以通过放射性元素与微生物发生氧化-还原反应使得价态变化，放射性元素的活性和毒性降低，从而达到修复放射性污染土壤的目的。

菌根修复利用土壤中的真菌侵入高等植物的根部，与其形成菌根共生体，改变植物的根部土壤条件，增强宿主植物的抗逆性，有利于植物修复污染土壤。菌根分成两类：外生菌根真菌和丛枝菌根真菌。外生菌根真菌可以不依赖其他植物独自存活，而丛枝菌根真菌需要侵入大部分的高等植物并形成菌根共生体。外生菌根真菌可以通过自身的吸附和丛枝菌根真菌的螯合作用将放射性元素包容在真菌体中[23]。Weiersbye 等[24]研究发现，铀元素可以长期积累于泡囊和孢子中。菌根共生体不仅影响了高等植物的根部土壤条件如 pH、元素水溶性等，而且改变了植物的生理功能。因此，高等植物的抗逆性大大增强，从而促使植物修复污染土壤。

2.4　其他种类的修复处理

前面介绍的均为传统的物理、化学及生物修复技术。为满足实际应用的需求，后续研究人员开发了一系列其他类型的修复技术。本书对其中的电动力学法和原位玻璃固化技术进行简要介绍。

电动力学法在污染土壤治理与修复方面的应用已有 20 余年，但与其他方法相比，算是"新兴技术"。电动力学法修复污染土壤最早是由美国科学家 Acar 和 Alshawabkeh 在 1993 年提出的[25]，一开始被利用在重金属污染土壤修复和有机污染土壤修复领域。该方法在 2000 年左右引入我国的土壤修复工作中。

电动力学法的基本原理是将一定长度的电极插入受污染土壤区域，在施加直流电后形成直流电场。土壤颗粒表面具有双电层、孔隙水中离子或颗粒带有电荷，引起土壤孔隙水及水中的离子和物质颗粒沿电场方向做定向迁移，将污染金属离子富集在阳极附近，最后通过处理电极附近少许的土壤即可完成对污染土壤的治理与修复[26]。电动力学法对现场环境影响较小，处理周期短且效果明显。对于处理区域上方有建筑物或无法改变现场环境的区域，电动力学法能够实现在地下对土壤进行修复。电动力学法的第一种机理是电渗析。土壤孔隙表面带负电荷，并与孔隙水中的离子形成双电层。扩散双电层引起孔隙水沿电场从阴极向阳极方向流动，形成电渗析。图 2-3 形象地比较了土壤中孔隙水的电渗析流动与水力流动。一般而言，对于结合较为紧密的黏性土壤，电渗析产生的水流渗透率高于水力学渗透率数个量级。电动力学法的第二种机理是带电离子的迁移运动，简称电迁移。在直流电场中，正离子向阳极迁移，负离子向阴极迁移。电动力学法的第三种机理是土壤中带电胶体粒子的迁移运动，称为电泳。土壤中胶体粒子包括细小土壤的颗粒、腐殖质和微生物细胞等。运动的方向和大小取决于电场、毛细孔隙的直径等因素。此外，实际操作系统还应包括电源、收集井等装置[27]。在电动力学法修复土壤污染过程中，电极表面可能会发生电解反应。阳极电解产生氢气和氢氧根离子，阴极电解产生氧气和氢离子。电解产生的氢离子将土壤结合态的污染物转化为自由离子态，便于在电场中迁移，利于最终处理。

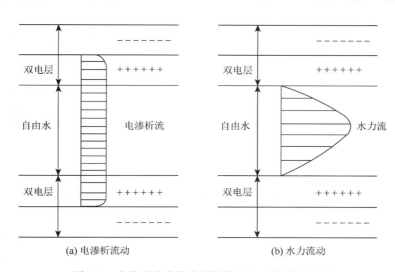

(a) 电渗析流动　　　　　　　　　　　　　(b) 水力流动

图 2-3　土壤孔隙水的电渗析流动与水力流动比较

我国在 2010 年后开展了电动力学法修复处理放射性污染土壤的相关研究。这一阶段研究者在电动力学法使用螯合剂方面进行了实验和探索,同时结合植物修复与化学修复技术,为电动力学法在此领域的应用与研究开拓思路。中国工程物理研究院 Shi 等[28]利用电动力学法联合阳离子选择膜法、络合剂法成功修复铀、镉等重金属和放射性污染土壤。结果表明,以乙酸和 EDTA 为螯合剂能明显提高铀的迁移能力;实验中使用的离子交换膜不仅减少了二次废弃物,而且保持了土壤 pH 的稳定。河海大学 Mao 等[29]在放射性污染土壤的电动力学法修复方面做了深入的研究。他们用 $CaCl_2$ 和柠檬酸作为络合剂对铅(Pb)、砷(As)、铯(Cs)污染土壤进行电动力学法修复,取得了较为理想的修复效果。研究表明,使用较低浓度的络合剂在 2h 连续处理后的去除率比采用高浓度络合剂的去除率高。随后,Mao 等[30]联合使用植物修复法和电动力学法对水稻土中的 Pb、As、Cs 进行处理,完成对水稻土的修复。修复过程中首先利用电动力学法将污染金属转为离子态或易于植物吸收提取的状态,其次利用酸碱中和法(乙酸和柠檬酸)保持土壤的 pH,再次利用印度芥菜、菠菜和卷心菜等植物的吸收富集作用将其固定在植物体内,最后通过对植物的处理达到修复土壤的目的。Mao 等[31]还将电动力学法与土壤淋洗法联用,完成 Pb、As、Cs 污染土壤的修复处理,并研究了电场和操作变量(如萃取剂浓度、液体与固体的质量比、溶液 pH、洗涤温度和超声波)对修复效率的影响。结果表明,当 pH 为 1 时,As 的最大去除率为 33%,Cs 的去除率为 24%;超声波辅助下 As 的最大去除率提升到 37%,Cs 的去除率提升到 31%。此外,Mao 等[32]还做了一定规模的试验。结果表明,利用电动力学法处理 ^{137}Cs 污染的高岭土,Cs 去除率可达 90% 以上,且其成本在可接受的范围内。

1980 年,美国西北太平洋国家实验室(Pacific Northwest National Laboratory)按其与美国能源部签订的协议开发了原位玻璃固化技术。原位玻璃固化技术具有保障公众安全、减小废物量、玻璃固化体理化性能稳定、成本较低等优点,适用于放射性污染土壤及废物处理。此外,对于核素、重金属、有机和无机化学污染物,原位玻璃固化技术均表现出良好的处理效果[33-36]。

原位玻璃固化技术是一种通过加热的方法将放射性污染土壤熔融,使其原地固定的处理工艺。不同于传统的化学处理,原位玻璃固化技术属于土壤的电化学处理。在处理过程中,将核素固化进入土壤,在高温条件下形成玻璃网络结构,烧结得到具有良好的抗浸出性、抗辐射性及足够的机械强度等的玻璃(陶瓷)固化体。该方法能够最大限度地抑制核素向周边土壤环境、水环境或大气圈迁移,满足玻璃固化体在长期深地质处置过程中的要求[34, 35]。

原位玻璃固化技术在处理过程中首先需要在待处理的放射性污染土壤层插入石墨电极,电极产生的焦耳热对放射性污染土壤进行熔融,从而形成以玻璃相为主的土壤烧结体。图 2-4 给出了原位玻璃固化工艺的简要过程。随着污染土壤在高温下逐渐被熔融,玻璃化物质中的孔隙和有机物被清除,容量减小 20%～50%。在处理区域的上方利用排气装置收集土壤熔融时产生的气体,并送入尾气净化系统处理后排入大气。在关闭电源 24h 后,可以移去气帐。气帐收集的尾气经浓缩蒸发等处理过程后去除气体中的悬浮颗粒物,再通过冷凝及分离装置去除气体中的大量水分,然后对气体再次加热,在尾气净化系统中的废物收集后也将以固化的形式进行处理[37-39]。

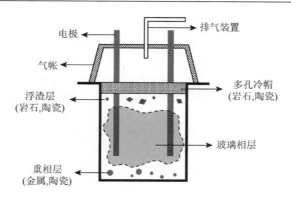

图 2-4　原位玻璃固化工艺示意图

原位玻璃固化技术的主要优点如下。

(1)原位玻璃固化技术是一种集处理处置于一体的技术，能够在较短的时间内阻止核素向周边环境的扩散及迁移，使污染区域能够在最大限度内受到控制。

(2)原位玻璃固化技术具有良好的包容性，能够固化绝大多数种类的核素。

(3)玻璃烧结体具有较高的机械强度。

(4)玻璃烧结体具有较好的化学稳定性。

(5)玻璃烧结体具有较低的孔隙率以及渗透率。

(6)原位玻璃固化技术具有广泛的应用范围。

(7)原位玻璃固化技术的减容性能较好。

目前，原位玻璃固化技术已被美国、英国等国家用于放射性污染土壤的处理，如橡树岭国家实验室(Oak Ridge National Laboratory)、爱达荷国家工程和环境实验室(Idaho National Engineering and Environmental Laboratory)及汉福德工厂等。

参 考 文 献

[1] Kim G N，Kim S S，Moon J K，et al. Removal of uranium from soil using full-sized washing electrokinetic separation equipment[J]. Annals of Nuclear Energy，2015，81：188-195.

[2] Agency I A E . The follow-up IAEA international mission on remediation of large contaminated areas off-site the Fukushima Daiichi nuclear power plant，Tokyo and Fukushima Prefecture，Japan，14–21 October 2013[R]. Vienna：IAEA，2014.

[3] Eapen S，Singh S，Thorat V，et al. Phytoremediation of radiostrontium (90Sr) and radiocesium (137Cs) using giant milky weed (Calotropis gigantea R.Br.) plants[J]. Chemosphere，2006，65(11)：2071-2073.

[4] 张琼，王博，王亮，等. 切尔诺贝利和福岛核事故后放射性土壤修复研究进展[J]. 环境与可持续发展，2016，41(5)：117-121.

[5] 孙赛玉，周青. 土壤放射性污染的生态效应及生物修复[J]. 中国生态农业学报，2008，16(2)：523-528.

[6] 张琼，陈金融，张春明，等. 福岛事故后土壤放射性污染修复及启示[J]. 中国科技投资，2012(18)：54-56.

[7] 王亮，王喆，余少青，等. 日本福岛事故土壤放射性污染状况及应对措施[C]. 南宁：2012 中国环境科学学会学术年会，2012：177-181.

[8] 周启星，宋玉芳. 植物修复的技术内涵及展望[J]. 安全与环境学报，2001，1(3)：48-53.

[9] Gavrilescu M，Pavel L V，Cretescu I. Characterization and remediation of soils contaminated with uranium[J]. Journal of Hazardous Materials，2009，163(2-3)：475-510.

[10]　Mason C F V，Turney W R J R，Thomson B M，et al. Carbonate leaching of uranium from contaminated soils[J]. Environmental Science and Technology，1997，31(10)：2707-2711.

[11]　董姗燕. 表面活性剂与螯合剂强化植物修复镉污染土壤的研究[D]. 重庆：西南大学，2003.

[12]　沙峰. 放射性污染土壤的清洗去污研究[D]. 北京：中国原子能科学研究院，2005.

[13]　万小岗，王巍，习成成. 铀污染土壤淋洗去污实验研究[C]. 哈尔滨：中国核学会核化工分会放射性三废处理、处置专业委员会学术交流会，2011：162-166.

[14]　刘军，张志宾，曹小红，等. 纳米零价铁修复放射性核素铀污染土壤的机制研究[C]. 大理：第十三届全国核化学与放射化学学术研讨会，2014：158.

[15]　施章宏，曾甯，张灏，等. 钚污染土壤修复技术研究进展[J]. 工程材料，2014，14(4)：141-145.

[16]　Xu H，Zhou R H，Li W P，et al. Removal of plutonium from contaminated soil by chemical leaching[J]. Procedia Environmental Sciences，2016，31：392-400.

[17]　钱骏，许天鸿，华道本. 核应急中去除放射性铯的研究进展[J]. 中华放射医学与防护杂志，2017，37(5)：393-397.

[18]　李凤梅，郭书海，徐晟徽，等. 一种重金属污染土壤的治理方法：CN101085450A[P]. 2007-12-12.

[19]　园丁. 我国科学家研究利用植物修复污染土壤[J]. 污染防治技术，2005，18(4)：70.

[20]　Yao B. Application of transgenic plants in phytoremediation for contaminated soil by heavy metals and organic pollutants[J]. Scientia Silvae Sinicae，2005，41(4)：162-167.

[21]　姚斌，尚鹤，韩景军，等. 重金属及有机污染土壤转基因植物修复研究进展[J]. 林业科学，2005，41(4)：162-167.

[22]　Srivastava S，Bhainsa K C，D'Souza S F. Investigation of uranium accumulation potential and biochemical responses of an aquatic weed Hydrilla verticillata (L.f.) Royle[J]. Bioresource Technology，2010，101(8)：2573-2579.

[23]　Galli U，Schüepp H，Brunold C. Heavy metal binding by mycorrhizal fungi[J]. Physiologia Plantarum，1994，92(2)：364-368.

[24]　Weiersbye I M，Straker C J，Przybylowicz W J. Micro-PIXE mapping of elemental distribution in arbuscular mycorrhizal roots of the grass，Cynodon dactylon，from gold and uranium mine tailings[J]. Nuclear Instruments and Methods in Physics Research，1999，158(1-4)：335-343.

[25]　Acar Y B，Alshawabkeh A N. Principles of electrokinetic remediation[J]. Environmental Science and Technology，1993，27(13)：2638-2647.

[26]　张锡辉. 水环境修复工程学原理与应用[M]. 北京：化学工业出版社，环境科学与工程出版中心，2002.

[27]　周启星，宋玉芳. 污染土壤修复原理与方法[M]. 北京：科学出版社，2004.

[28]　Shi Z H，Dou T J，Zhang H，et al. Electrokinetic remediation of uranium contaminated soil by ion exchange membranes[J]. Cell，2016，15(4)：5.

[29]　Mao X Y，Han F X，Shao X H，et al. Remediation of lead-，arsenic-，and cesium-contaminated soil using consecutive washing enhanced with electro-kinetic field[J]. Journal of Soils and Sediments，2016，16(10)：2344-2353.

[30]　Mao X Y，Han F X，Shao X H，et al. Electro-kinetic remediation coupled with phytoremediation to remove lead，arsenic and cesium from contaminated paddy soil[J]. Ecotoxicology and Environmental Safety，2016，125：16-24.

[31]　Mao X Y，Han F X，Shao X H，et al. Effects of operation variables and electro-kinetic field on soil washing of arsenic and cesium with potassium phosphate[J]. Water，Air，and Soil Pollution，2017，228(1)：1-16.

[32]　Mao X Y，Shao X H，Zhang Z Y，et al. Mechanism and optimization of enhanced electro-kinetic remediation on ^{137}Cs contaminated Kaolin soils：A semi-pilot study based on experimental and modeling methodology[J]. Electrochimica Acta，2018，284：38-51.

[33]　Spalding B P，Jacobs G K，Naney M T，et al. Tracer-level radioactive pilot-scale test of in situ vitrification technology for the stabilization of contaminated soil sites at ORNL[R]. Oak Ridge：Office of Scientific and Technical Information，1991.

[34]　Rose R W. Low impact plutonium glovebox D&D[R]. Oak Ridge：Office of Scientific and Technical Information，1995.

[35]　Tixier J S，Corathers L A，Anderson L D. Vitrification of underground storage tanks：Technology development，regulatory issues，and cost analysis[C]. Tucson：Waste Management '92，1992.

[36]　Buelt J，Timmerman C，Westsik J. In situ vitrification：Test results for a contaminated soil melting process[R]. Oak Ridge：

Office of Scientific and Technical Information，1989.

[37]　Suganya S，Jeyalakshmi R，Rajamane N P. Corrosion behavior of mild steel in an in-situ and ex-situ soil[J]. Materials Today：Proceedings，2018，5(2)：8735-8743.

[38]　Nuzzo A，Spaccini R，Cozzolino V，et al. In situ polymerization of soil organic matter by oxidative biomimetic catalysis[J]. Chemical and Biological Technologies in Agriculture，2017，4(1)：1-6.

[39]　Bollschweiler D，Schaffer M，Lawrence C M，et al. Cryo-electron microscopy of an extremely halophilic microbe：Technical aspects[J]. Extremophiles，2017，21(2)：393-398.

第3章 微波烧结技术在放射性废物处理及污染土壤方面的应用

原位玻璃固化技术被普遍认为是理想的 α 污染土壤处理技术[1, 2]。玻璃作为目前国际上广泛采用的固化基材，稳定性相对可靠，社会认可度较高。玻璃在熔融状态下具有的网络结构，能够包容绝大部分废物组分，从而实现对放射性元素的固化。然而，由于其一般使用电极焦耳加热法，大部分土壤非晶化所需的时间较长，烧结成本较高，更重要的是固化体的均一度难以控制，这将无法保证固化体的长期抗浸出性能的稳定。土壤中的放射性元素玻璃化后能够有效抑制其迁移，而实现土壤固化体的快速均匀烧结成为目前原位玻璃固化技术需要解决的关键问题。

3.1 微波烧结技术简介

微波通常指频率为 300～300000MHz，介于红外线与无线电波之间的电磁波，其中常用的加热频率是 2450MHz[3]。微波技术在材料的干燥、活化、烧结、反应等加工处理方面相对于传统技术均具有一定优势[4, 5]。物质对微波能量的吸收是物质中极性分子与微波电磁场相互作用的结果。在外加交变电磁场的作用下，物质中极性分子被极化，并且随外加交变电磁场极性交替变化而交变取向。由于微波频率较高，电磁场极性交替变更迅速，物质中极性分子会产生约 10^8 次/s 的转向，因此极性分子间产生相互摩擦而将微波的电磁能转化为热能，最终表现出物质被加热的现象。如图 3-1 与图 3-2 所示，传统的烧结方式通过热对流、热传导或辐射加热的方式将热量从热源转移到被加热物，从而使其达到某一温度，热量从外向内传输，而且加热时间较长。微波烧结利用其中部分波段与材料的基本细微结构发生耦合产生能量，依靠在电磁场中损耗材料的介质使自身由内向外加热直至烧结温度，具有整体性加热、选择性加热、升温快、耗时短、能效高等特点[6]。Thridandapani 等[7]研究了微波在生成固化体基材氧化锆方面的应用以及微波烧结技术的优势。结果显示，微波在更低的温度下和更短的时间内烧结得到的固化体也能达到与传统烧结得到的固化体相同的密度、硬度和抗压性。

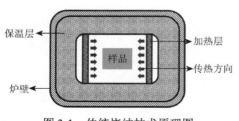

图 3-1 传统烧结技术原理图

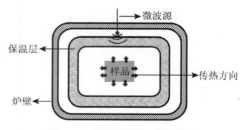

图 3-2 微波烧结技术原理图

3.2　微波烧结技术处理放射性废物

　　20 世纪 40 年代以来，微波烧结技术取得了很大发展，由于其具有快捷有效的加热方式，在环境工程上的应用非常广阔，包括污染土壤修复、废物处理、矿产资源、活性炭再生等[8, 9]。Bickford 等在实验室条件下利用微波处理放射性污泥，污泥体积减小了 70%，废物负荷减少了 60%。Komatso 等在焚烧炉中加入 ^{137}Cs、^{60}Co 及 ^{54}Mn，并利用微波对其进行处理，研究表明所有的 ^{60}Co、^{54}Mn 及部分 ^{137}Cs 被完全包裹在最终的玻璃态产物中。此外，微波烧结技术由于具有传热均匀及升温速率快等优点，被广泛地应用于高放废物固化体的烧结中。Lu 等[10]利用微波烧结技术制备了单一物相的 $Gd_2Zr_2O_7$ 烧绿石作为高放废物的固化基材，与传统烧结技术所需的几天时间相比，烧结总时间不到 1h。如图 3-3 所示，微波烧结烧绿石的致密性好，相纯度高，晶粒尺寸均匀。此外，密度和相纯度随烧结时间和温度的增加而增加。Trujillano 等[11]利用水热合成法及微波烧结技术加速 $Sm_2Sn_2O_7$ 的制备。如图 3-4 所示，实验结果表明所制备的固化体为单一物相，相对于传统方法得到的 $Sm_2Sn_2O_7$ 烧绿石结构更明显。

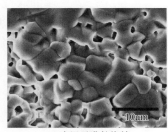
(a) 高温马弗炉烧结

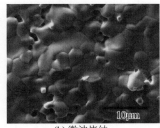
(b) 微波烧结

图 3-3　$Gd_2Zr_2O_7$ 烧绿石的扫描电镜图片

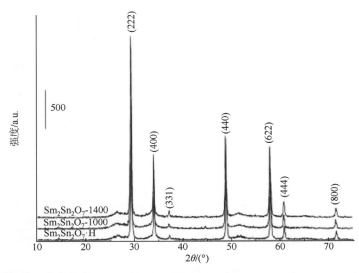

图 3-4　水热合成及不同温度下微波烧结所得 $Sm_2Sn_2O_7$ 烧绿石的 XRD 曲线

XRD 指 X 射线衍射(X-ray diffraction)

3.3　微波烧结技术处理污染土壤

微波可以处理土壤中的挥发性有机污染物。对污染土壤中挥发性有机污染物进行微波烧结，因土壤中的水分子是极性分子，可以快速吸收微波并成为热源，将热量由内而外地快速传递到整个土壤体系。这一过程非常迅速，污染物与水几乎同时受热并随水蒸气挥发出来。目前，已有学者尝试将微波烧结技术应用到土壤治理中。王贝贝等[12]以硝基酚和六氯苯污染土壤为处理对象，研究以微波为热源、碳化硅为热传导材料的微波修复设备对污染土壤的修复效果。如图 3-5 所示，与高温马弗炉烧结技术相比，微波烧结技术在土壤的升温速率及有机物去除率方面均有显著优势。刘珑等[13]利用微波烧结技术修复石油污染土壤，并研究了微波功率、土壤受污染程度和各种吸波介质对微波修复石油污染土壤升温特性的影响。

在微波烧结技术对污染土壤的固化处理方面，国内外开展了大量工作。Jou[14]研究了用微波辐照来修复被重金属污染土壤的技术，结果表明微波辐照 30min 对铅的去除率达到 92%以上。Abramovitch 等[15]利用微波进行了有毒金属离子污染土壤的原位修复，最终成功固化了有毒金属和有机物污染的土壤。朱湖地等[16, 17]利用微波烧结技术对 Cd 等重金属污染土壤进行了玻璃化处理研究，并对某有机农药污染场地进行了修复研究。

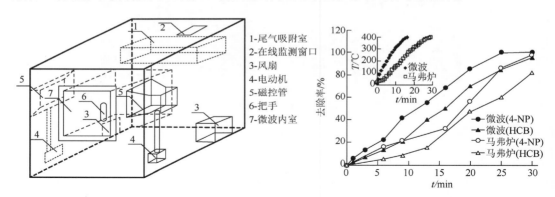

图 3-5　设计装置示意图及不同加热方式对有机物的去除率比较

参 考 文 献

[1]　Yan X，Luo X G. Radionuclides distribution，properties，and microbial diversity of soils in uranium mill tailings from southeastern China[J]. Journal of Environmental Radioactivity，2015，139：85-90.

[2]　Marques A P G C，Rangel A O S S，Castro P M L. Remediation of heavy metal contaminated soils：An overview of site remediation techniques[J]. Critical Reviews in Environmental Science and Technology，2011，41(10)：879-914.

[3]　Demirskyi D，Cheng J，Agrawal D，et al. Densification and grain growth during microwave sintering of titanium diboride[J]. Scripta Materialia，2013，69(8)：610-613.

[4]　Li D X，Song X Y，Gong C C，et al. Research on cementitious behavior and mechanism of pozzolanic cement with coal gangue[J]. Cement and Concrete Research，2006，36(9)：1752-1759.

[5]　Wilson J, Kunz S M. Microwave sintering of partially stabilized zirconia[J]. Journal of the American Ceramic Society, 1988, 71(1): 40-41.

[6]　Agrawal D. Microwave sintering of ceramics, composites and metallic materials, and melting of glasses[J]. Transactions of the Indian Ceramic Society, 2006, 65(3): 129-144.

[7]　Thridandapani R R, Folgar C E, Folz D C, et al. Microwave sintering of 8 mol% yttria-zirconia (8YZ): An inert matrix material for nuclear fuel applications[J]. Journal of Nuclear Materials, 2009, 384(2): 153-157.

[8]　Paré J R J, Bélanger J M R, Lesnik B, et al. Final evaluation of US EPA method 3546: Microwave extraction, a microwave-assisted process (MAPTM) method for the extraction of contaminants under closed-vessel conditions[J]. Soil and Sediment Contamination: an International Journal, 2001, 10(4): 375-386.

[9]　Jones D A, Lelyveld T P, Mavrofidis S D, et al. Microwave heating applications in environmental engineering—A review[J]. Resources, Conservation and Recycling, 2002, 34(2): 75-90.

[10]　Lu X, Ding Y, Dan H, et al. Rapid synthesis of single phase $Gd_2Zr_2O_7$ pyrochlore waste forms by microwave sintering[J]. Ceramics International, 2014, 40(8): 13191-13194.

[11]　Trujillano R, Martín J A, Rives V. Hydrothermal synthesis of $Sm_2Sn_2O_7$ pyrochlore accelerated by microwave irradiation. A comparison with the solid state synthesis method[J]. Ceramics International, 2016, 42(14): 15950-15954.

[12]　王贝贝, 朱湖地, 胡丽, 等. 硝基酚、六氯苯污染土壤的微波修复[J]. 环境化学, 2013, 32(8): 1560-1565.

[13]　刘珑, 王殿生, 曾秋孙, 等. 微波修复石油污染土壤升温特性影响因素的实验研究[J]. 环境工程学报, 2011, 5(4): 898-902.

[14]　Jou C J. An efficient technology to treat heavy metal-lead-contaminated soil by microwave radiation[J]. Journal of Environmental Management, 2006, 78(1): 1-4.

[15]　Abramovitch R A, Lu C Q, Hicks E, et al. In situ remediation of soils contaminated with toxic metal ions using microwave energy[J]. Chemosphere, 2003, 53(9): 1077-1085.

[16]　王贝贝, 朱湖地, 陈静. 重金属污染土壤微波玻璃化技术研究[J]. 环境工程, 2013, 31(2): 96-98.

[17]　曹梦华, 朱湖地, 王琳玲, 等. 自制微波设备修复污染土壤的实验研究[J]. 华中科技大学学报(自然科学版), 2013, 41(6): 113-116.

第4章 模拟核试验场 α 污染土壤的微波处理

核试验、核武器制造和运输、核能的利用、核事故、同位素生产及使用、矿物开采等过程均会对土壤造成一定的 α 污染。α 污染物不但自身存在许多价态,衰变后的核素也往往具有不同的价态。不同价态的核素在固化体中的稳定性也存在一定的差异。

模拟元素的选取通常要遵循元素价态相符、离子半径相近及核外电子轨道相似的原则[1-3]。Nd^{3+} 的离子半径(1.109Å)与三价锕系元素 Am^{3+}、Pu^{3+}、Cm^{3+} 等的离子半径(分别为 1.01Å、1.00Å、0.97Å)极为相近,且 Ce^{4+} 的离子半径(0.87Å)与四价锕系元素 Pu^{4+}、U^{4+} 等的离子半径(分别为 0.86Å、0.97Å)相近。因此,普遍采用 Nd^{3+} 作为 +3 价 α 元素的替代物质,如 Am^{3+}、Pu^{3+}、Cm^{3+} 等;以 Ce^{4+} 作为 +4 价 α 元素的替代物质,如 Pu^{4+}、U^{4+} 等。

4.1 样品制备及工艺探究

依据《土壤环境质量 农用地土壤污染风险管控标准(试行)》(GB 15618—2018)和《土壤环境监测技术规范》(HJ/T 166—2004)进行取样。由于土壤本身存在空间分布的不均一性,为更好地代表取样区域的土壤性状,采用以地块为单位、多点取样并混合的方式获得土壤样品,如图 4-1 所示。为模拟核试验场环境,所用土壤采集于新疆马兰。将土壤样品进行研磨、过筛处理,选出粒径过 200 目的土壤粉体,并通过 X 射线荧光谱仪对土壤粉体的成分及其含量进行测定,结果如表 4-1 所示。

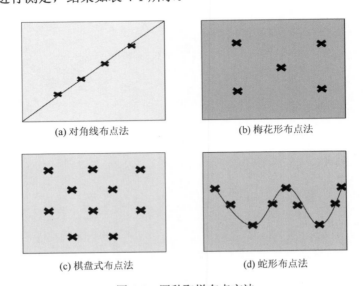

(a) 对角线布点法　　　　　　　　(b) 梅花形布点法

(c) 棋盘式布点法　　　　　　　　(d) 蛇形布点法

图 4-1　四种取样布点方法

表 4-1　实验所用土壤的 XRF 测试结果

物质	质量分数/%	物质	质量分数/%	物质	质量分数/%	物质	质量分数/%
SiO_2	66.32	K_2O	2.86	MnO	0.14	ZnO	0.02
Al_2O_3	16.57	MgO	1.66	SO_3	0.14	SrO	0.02
Fe_2O_3	5.87	Na_2O	0.81	BaO	0.13	P_2O_5	0.01
CaO	4.67	TiO_2	0.74	ZrO_2	0.03	PbO	0.01

注：XRF 指 X 射线荧光谱（X-ray fluorescence spectroscopy）

4.1.1　土壤固化体的制备

以总质量为 10g 称取土壤和 Nd_2O_3 粉体（模拟三价放射性元素），按质量比 9.7∶0.3 进行充分研磨混合。分别对其进行传统烧结和微波烧结处理，得到土壤固化体。其具体的烧结参数如表 4-2 所示。微波烧结装置示意图如图 4-2 所示，典型的微波烧结工艺曲线如图 4-3 所示。

表 4-2　传统烧结与微波烧结参数

样品	烧结方式	烧结参数		
		升温段	保温段	降温段
M	微波	室温~1100℃，0.36h	1100℃，30min	空气中循环水冷系统，约 3h
		室温~1200℃，0.4h	1200℃，30min	
		室温~1300℃，0.43h	1300℃，30min	
C	传统	室温~1200℃，4h	1200℃，2h	空气中随炉自然冷却
		室温~1300℃，4.3h	1300℃，2h	
		室温~1200℃，4h	1400℃，2h	
		1200~1400℃，1h		
		室温~1200℃，5h	1500℃，2h	
		1200~1500℃，1.5h		

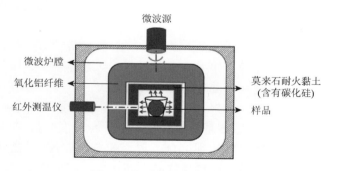

图 4-2　微波烧结装置示意图

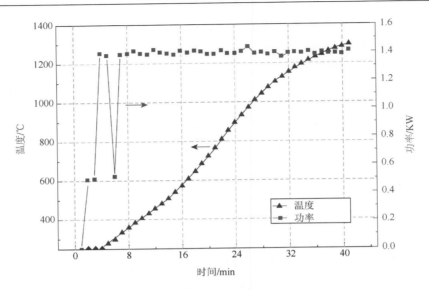

图 4-3　微波烧结温度及功率随时间的变化曲线

土壤样品烧结处理后，借助 X 射线衍射仪(荷兰帕纳科公司 X'Pert PRO)在空气气氛中对烧结后样品进行物相分析。利用激光拉曼光谱仪(英国 Renishaw 公司 Invia)和扫描电镜（德国蔡司仪器公司 Ultra 55）分别测试样品的拉曼光谱和表征样品的微观形貌。扫描电镜的放大倍数为 1000～10000。

4.1.2　土壤固化体的特性

图 4-4 为微波烧结和传统烧结土壤固化体的 XRD 曲线，结合模拟放射性污染土壤的非晶质化率对其固化效果进行表示。结果表明：在微波烧结和传统烧结技术条件下，土壤固化体的非晶质化率均随温度的升高而增加。利用微波烧结技术在 1300℃保温 30min 时，模拟放射性污染土壤已经完全非晶化；利用传统烧结技术在 1300℃保温 2h 时，其非晶质化率约 70%，相比微波烧结技术具有明显差距。这是由于微波的加热是介质材料自身损耗电磁能量，使加热物体本身成为发热体，从而由内到外均匀加热。此外，通过 XRD 的结果可以看出：与传统烧结技术相比，微波烧结技术可以在较低温度、较短时间内使土壤达到更好的非晶质化效果，节能高效[4]。

图 4-5 是不同温度微波烧结土壤固化体的拉曼光谱。通常情况，位于 1100～1300cm^{-1} 的振动带对应的是 Si—O—Si 键的伸缩振动模式，并且随着温度的升高，该区域的拉曼峰逐渐向较长波段移动。这是由于随着温度的升高，Si—O—Si 键的伸缩振动逐渐转变为 Si—O 键的伸缩振动或者 Al 与硅氧四面体之间的完全聚合[5]。根据 Nd 的电子能级，在 1890cm^{-1} 波段出现的振动带主要是含 Nd 结构的一个振动模式，随着温度的升高，该振动带逐渐消失。这表明，当温度达到 1300℃时，模拟元素 Nd 已经以非晶形式存在于固化体中。此外，随着温度的升高，拉曼峰的半高宽增大，且逐渐向高波数偏移。这可能是由于较高的烧结温度使键长和键角发生断裂或不规则变化导致的。结合 XRD 的结

果，更进一步说明，微波烧结 1300℃保温 30min，模拟放射性污染土壤可以达到较好的非晶化效果。

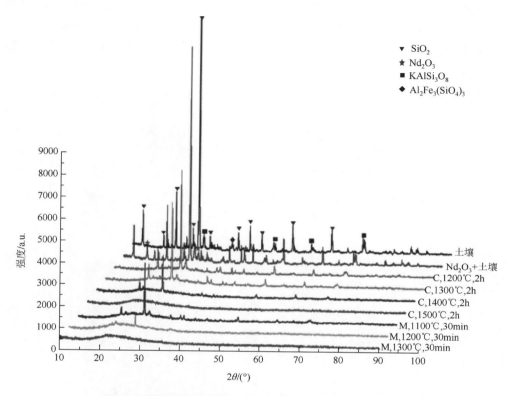

图 4-4　微波烧结和传统烧结前后土壤固化体的 XRD 曲线

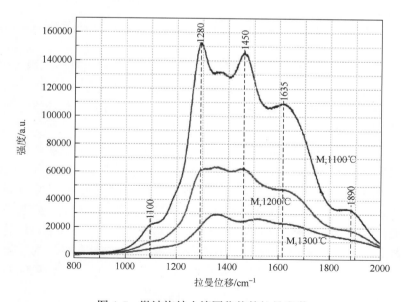

图 4-5　微波烧结土壤固化体的拉曼光谱

　　图 4-6(a)和(b)显示了模拟放射性污染土壤在微波烧结前后的宏观形貌。可以看出，松散的土壤在经过微波烧结后变成紧凑型玻璃固化体，具有明显的减容效果。这表明玻璃固化体可以通过微波烧结技术获得。图 4-6(c)和(d)为烧结后固化体的扫描电镜图和 Nd 元素分布图。从图中可以看出，烧结后的固化体表面光滑均匀，并没有发现裂纹或孔洞，具有良好的玻璃形态。此外，模拟元素 Nd 在固化体的表面分布均匀，没有发现明显的聚集现象。

图 4-6　土壤烧结前后的宏观形貌及烧结后固化体的扫描电镜图和 Nd 元素分布图

　　通过微波烧结技术和传统烧结技术获得的土壤固化体的密度及孔隙率测试结果如图 4-7 和图 4-8 所示。从图 4-7 可以看出，在微波烧结条件下，当温度从 1100℃升高至 1300℃ 时，对应的固化体的密度从 1.911g/cm³ 逐渐增加到 2.802g/cm³；在传统烧结条件下，当温度从 1200℃升高至 1500℃时，对应固化体的密度从 1.877g/cm³ 增加到 2.225g/cm³。随着温度的升高，固化体的密度均逐渐增加。然而，相比传统烧结，微波烧结条件下的固化体密度略高且增加速率比较快。这表明微波烧结可以在较低的烧结温度和较短的时间内获得致密性较好的玻璃固化体。当采用传统烧结技术时，在温度达到 1500℃后固化体的致密化动力学过程是缓慢的，这是由于大颗粒土壤的结构是松散的。然而，微波烧结土壤固化体密度不断提高，说明微波对土壤的烧结有一定的增强作用。从图 4-8 可以看出，随着温度的升高，固化体的孔隙率逐渐减小；相比传统烧结，微波烧结条件下的固化体表现出更好的致密性。此外，从图 4-7 中可以看到，微波烧结条件下在 1300℃保温 30min 的固化体密度要高于传统烧结条件下 1500℃保温 2h 的固化体密度。

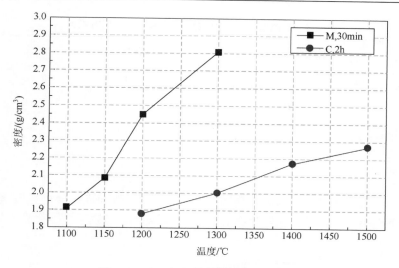

图 4-7　不同烧结条件下固化体的密度

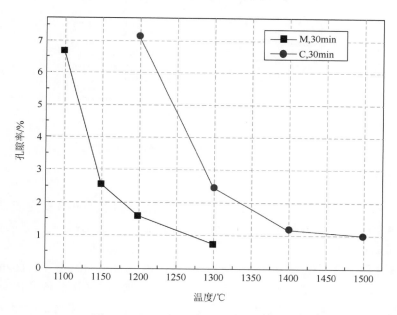

图 4-8　不同烧结条件下固化体的孔隙率

4.2　模拟三价锕系元素污染土壤的微波处理

4.2.1　固化体的制备

根据表 4-3 的质量比分别称取纯土壤和 Nd_2O_3，制备模拟放射性污染土壤，其中样品的总质量为 10g。将各组样品在 1300℃下微波烧结 30min，得到模拟三价锕系元素污染土壤固化体。

表 4-3　高浓度模拟三价锕系元素污染土壤配方设计

成分	质量分数/%					
纯土壤	97	95	90	85	80	75
Nd_2O_3	3	5	10	15	20	25

4.2.2　固化体的特性

1. 物相分析

图 4-9 是不同 Nd 含量土壤固化体的 XRD 曲线，所有的固化体均呈玻璃形态，且没有发现有关 Nd_2O_3 或与 Nd 相关化合物的衍射峰，表明 Nd 已完全被固化到土壤烧结体中。

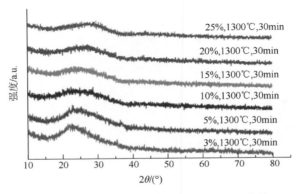

图 4-9　不同 Nd 含量土壤固化体的 XRD 曲线

2. 光谱分析

为了进一步探究 Nd 在固化体中的存在形式，通过红外光谱和拉曼光谱分别对样品进行测试。图 4-10 为不同 Nd 含量土壤固化体的拉曼光谱，随着 Nd_2O_3 含量的增加，在 Nd 的拉曼特征带未检测到 Nd，表明 Nd 未参与形成相关的化学键。

不同 Nd 含量土壤固化体的红外光谱如图 4-11 所示。在 $3461cm^{-1}$ 和 $1626cm^{-1}$ 处的红外吸收峰为羟基的伸缩振动模式[6]，随着 Nd_2O_3 含量的增加，该吸收峰并没有发生明显的变化。在 $2923cm^{-1}$ 和 $2852cm^{-1}$ 处的吸收峰是 C—H 键的不对称伸缩振动和亚甲基的对称伸缩振动模式[7, 8]。这可能是由于在样品表征前加入乙醇作为研磨助剂进行细化所导致的。此外，土壤固化体样品的主要吸收峰集中在 $400\sim1800cm^{-1}$。吸收峰在 $474cm^{-1}$ 和 $789cm^{-1}$ 的波段主要是由于氧化硅的弯曲振动导致的，分别和 Si—O—Si 键、O—Si—O 键的弯曲振动模式相关。吸收峰在 $800\sim1200cm^{-1}$ 为非对称型的大幅度振动带，表明它是一个复合的吸收带，包含 $950cm^{-1}$ 的伸缩振动模式和 $1020\sim1060cm^{-1}$ 的伸缩振动模式[9]。其中，在 $950cm^{-1}$ 处的振动带是 Si—O 键的不对称伸缩振动，在 $1020\sim1060cm^{-1}$ 的振动带是 Si—O—Si 键的不对称伸缩振动。红外吸收峰的位置并没有随 Nd_2O_3 含量的增加而发生明显变化。综上可知，不论是 XRD 的分析结果还是拉曼光谱和红外光谱分析结果，均没有发现和 Nd 相关的峰。因此推断 Nd^{3+} 可能被一层玻璃基材包围着而不参与任何化学反应[10]。

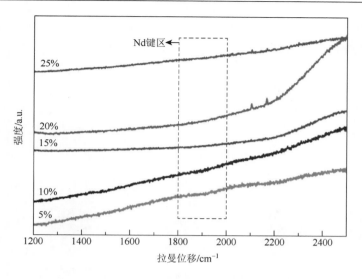

图 4-10　不同 Nd 含量土壤固化体的拉曼光谱

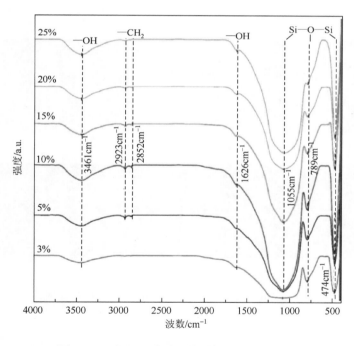

图 4-11　不同 Nd 含量土壤固化体的红外光谱

3. 形貌分析

图 4-12 为含 Nd 土壤微波烧结前后的宏观形貌。烧结前的土壤样品具有相同的宏观形貌特征，如图 4-12（a）所示。经微波烧结后，样品有明显的明亮和光滑表面。同时，随着 Nd_2O_3 含量的增加，有深蓝色花纹出现在固化体的表面。此外，通过坩埚的内壁可以明显

观察到减容收缩的现象，符合在放射性废物中应遵循的体积最小化原则。由于在处理日益增长的放射性废物过程中需要特殊的技术和空间，减少体积可以给交通运输和最终的深部地质储存带来极大的便利[11, 12]。

图 4-13 (a)~(d) 为含 Nd 土壤固化体的扫描电镜照片。可以看到，固化体的表面基本上保持光滑和均匀，当 Nd_2O_3 含量达到 25%时，样品的表面略微粗糙，同时有一些小的裂缝出现。图 4-13 (e)~(h) 为含 Nd 土壤固化体相应的 Nd 元素分布图，可以发现 Nd 元素分布较均匀。

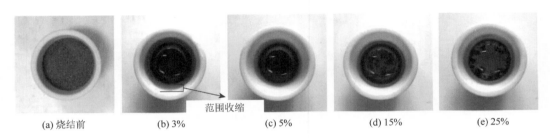

(a) 烧结前　　　(b) 3%　　　(c) 5%　　　(d) 15%　　　(e) 25%

图 4-12　含 Nd 土壤微波烧结前后照片

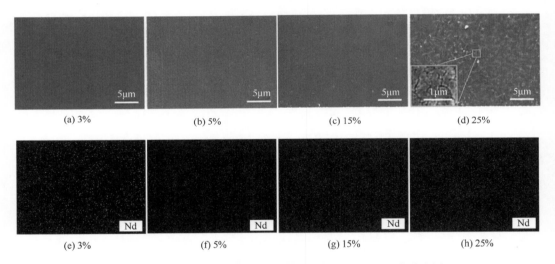

(a) 3%　　　(b) 5%　　　(c) 15%　　　(d) 25%

(e) 3%　　　(f) 5%　　　(g) 15%　　　(h) 25%

图 4-13　含 Nd 土壤微波烧结后扫描电镜照片及 Nd 元素分布图

4.2.3　固化体的性能

1. 密度

图 4-14 为不同 Nd_2O_3 含量土壤固化体的密度测试结果。可以看出，所有样品的密度介于 2.813~3.215g/cm³。随着 Nd_2O_3 含量的增加，固化体的密度先呈现上升趋势；当 Nd_2O_3 含量从 20%增加到 25%时，密度从 3.215g/cm³ 降低到 3.175g/cm³。这表明当 Nd_2O_3 含量达到 25%时，固化体本身结构的致密性可能有所下降。

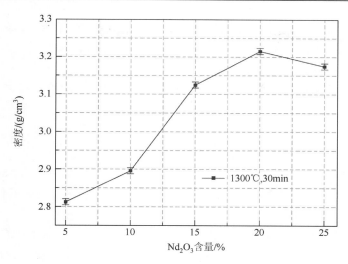

图 4-14　不同 Nd_2O_3 含量土壤固化体的密度

2. 化学稳定性

深地质处置被认为是处置玻璃固化体行之有效的方法。固化体深埋地下时，与地下水接触，放射性元素易被浸出，并随地下水循环流入生物圈，这是放射性元素进入生物圈的主要途径。因此，玻璃固化体的抗浸出性能成为评价其是否满足深地质库安全处置要求的重要指标之一。

采用产品一致性测试（product consistency test，PCT）法对样品粉末开展浸泡实验。利用电感耦合等离子体质谱仪分析浸出液中 Nd 元素的浓度。表 4-4 为实验主要仪器及设备。

表 4-4　实验主要仪器及设备

仪器	生产厂家
电热恒温鼓风干燥箱 DHG-9053A	上海琅玕试验设备有限公司
数控超声波清洗器 KQ-100DE	昆山市超声波仪器有限公司
优普超纯水机 UPT-II-60L	上海优普实业有限公司
电感耦合等离子体质谱仪 DRC-e	成都超纯科技有限公司

将玻璃固化体样品研磨、过筛，取 75～150μm 样品粉末做浸泡实验。实验所用浸出容器为 100mL 圆柱形水热反应釜，其内衬为聚四氟乙烯容器，外壳为不锈钢壳。采用优普超纯水机利用全膜法自制去离子水，pH 为 6.6～6.8。实验具体步骤如下。

（1）将反应釜的内衬容器在酸性、碱性及去离子水中反复超声清洗 30min，并干燥。

（2）取适量处理后的样品粉末，在去离子水中超声清洗 10min，置入 100℃电热恒温鼓风干燥箱中干燥。

（3）取样品干燥后的粉末置入反应釜中，向其中加入 10mL 去离子水，套入不锈钢壳，并密封。

(4) 将反应釜置入 90℃恒温的电热恒温鼓风干燥箱中，并开始记录时间。

(5) 在 3d、7d、14d、21d、28d、35d、42d 时提取浸出液，取出后加入去离子水，使得浸出液体积保持 10mL 不变。

(6) 将取出的浸出液标号处理，并利用电感耦合等离子体质谱仪测试 Nd 元素浓度，按下式进行元素归一化浸出率计算：

$$\mathrm{NR}_i = \frac{C_i \cdot V}{S \cdot f_i \cdot t}$$

式中，NR_i 为样品元素 i 的归一化浸出率（g/(m²·d)）；C_i 为样品中元素 i 的浓度（g/m³）；V 为样品的体积（m³）；S 为样品的表面积（m²）；f_i 为样品中元素 i 的质量分数；t 为样品的浸出时间（d）；$S/V \approx 2000\mathrm{m}^{-1}$。

通过上述公式计算得到土壤固化体中 Nd 元素分别在 90℃和 150℃条件下的归一化浸出率随着时间的变化规律，如图 4-15 和图 4-16 所示。图 4-15 显示，浸出时间从 3d 到 14d，所有样品的 Nd 元素归一化浸出率迅速下降；随着时间的延长，固化体中 Nd 元素归一化浸出率不断减小，在 21d 后逐渐趋于平衡状态，均保持为 $0.5 \times 10^{-5} \sim 2 \times 10^{-5}\mathrm{g}/(\mathrm{m}^2 \cdot \mathrm{d})$。这种现象可能是由于长期浸出过程中氧化硅网络水解释放的硅、铝和钙在反应界面形成了一层凝胶，进而减缓了浸出速率。此外，在浸出时间为 0～21d 内，$\mathrm{Nd}_2\mathrm{O}_3$ 含量为 25%的固化体中 Nd 元素归一化浸出率明显高于其他组。然而，在所讨论的时间内，所有固化体的 Nd 元素归一化浸出率均低于 $1.6 \times 10^{-4}\mathrm{g}/(\mathrm{m}^2 \cdot \mathrm{d})$，并且在 42d 后逐渐低于 $6.37 \times 10^{-6}\mathrm{g}/(\mathrm{m}^2 \cdot \mathrm{d})$。另外，从图 4-16 可以看出，同一组分的样品中，对于 $\mathrm{Nd}_2\mathrm{O}_3$ 含量为 25%的固化体，Nd 元素在 150℃条件下的归一化浸出率均略高于 90℃的归一化浸出率。同时 $\mathrm{Nd}_2\mathrm{O}_3$ 含量为 25%的固化体在 7d 时的 Nd 元素归一化浸出率和其他组样品趋于一致。这一现象可能是由于：温度的升高促进了固化体的水解，从而增加了元素进入溶液中的概

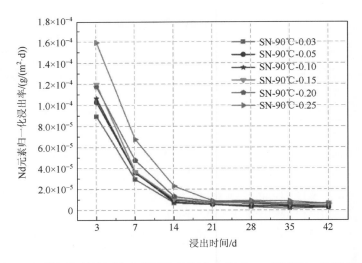

图 4-15　模拟放射性污染土壤固化体中在 90℃的 Nd 元素归一化浸出率

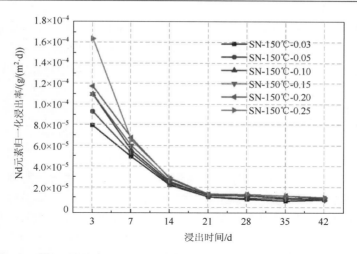

图 4-16　模拟放射性污染土壤固化体中在 150℃的 Nd 元素归一化浸出率

率；温度的升高使固化体在溶液中的固溶度增加。因此，固化体的 Nd 元素归一化浸出率随温度的升高呈现出一定的增加趋势。但总体而言，固化体中 Nd 元素的归一化浸出率均低于 $1.6 \times 10^{-4} \mathrm{g/(m^2 \cdot d)}$，并且在 42d 后逐渐低于 $6.37 \times 10^{-6} \mathrm{g/(m^2 \cdot d)}$。这进一步证明，微波烧结后的模拟放射性土壤固化体表现出了良好的化学稳定性。

4.3　模拟四价锕系元素污染土壤的微波处理

4.3.1　固化体的制备

为了确定微波烧结技术下土壤对放射性污染物的固溶度，设计配方为单个样品的总质量为 3.0g，以 5%作为实验梯度，CeO_2 掺杂量为 0%～30%。样品中土壤及 CeO_2 的初始含量见表 4-5。

表 4-5　实验样品的初始含量（一）

掺杂量/%	初始原料添加量/g	
	CeO_2	土壤
0	0	3.00
5	0.15	2.85
10	0.30	2.70
15	0.45	2.55
20	0.60	2.40
25	0.75	2.25
30	0.90	2.10

根据配方设计，利用电子天平精确称取相应 CeO_2 粉末及土壤的质量，置于玛瑙研钵中，加入适量乙醇混合研磨，以保证 CeO_2 粉末与土壤的充分混合，且保证 CeO_2 粉末与

土壤的进一步细化。随后将得到的原始混合样品倒入刚玉坩埚内在 100℃ 电热恒温鼓风干燥箱中保温 12h 进行干燥处理。干燥后，将每组实验样品分别置入统一型号的刚玉坩埚内（坩埚容量为 5mL）进行压实处理，随后将土壤置于微波烧结炉中在 1300℃ 烧结 30min。

4.3.2　固化体的特性

1. 物相

图 4-17 为模拟 An^{4+} 污染土壤微波烧结玻璃固化体 CeO_2 掺杂量为 0%～30% 的 XRD 曲线。当 CeO_2 掺杂量从 0% 逐步提高至 10% 时，固化体呈现出玻璃态的特征峰，且随着 CeO_2 掺杂量的增加，特征峰强度略微降低，表明样品的非晶化程度逐步降低。当 CeO_2 掺杂量达到 15% 时，出现 CeO_2 的晶体特征衍射峰，且峰型尖锐，并随着 CeO_2 掺杂量的增加，其晶体特征峰强度逐渐增大。由此推测出，放射性污染土壤在微波烧结条件下对 An^{4+} 的极限固溶度为 10%～15%。

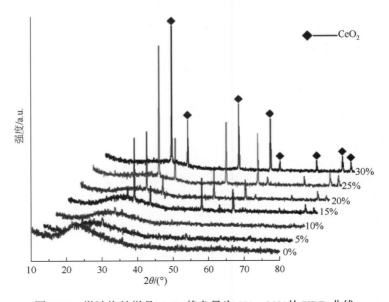

图 4-17　微波烧结样品 CeO_2 掺杂量为 0%～30% 的 XRD 曲线

为进一步确定放射性污染土壤在微波烧结条件下对 An^{4+} 的极限固溶度，通过配方设计（表 4-6），开展细化实验，测得 XRD 结果如图 4-18 所示。

表 4-6　实验样品的初始含量（二）

掺杂量/%	初始原料添加量/g	
	CeO₂	土壤
10	0.30	2.70
11	0.33	2.67

续表

掺杂量/%	初始原料添加量/g	
	CeO₂	土壤
12	0.36	2.64
13	0.39	2.61
14	0.42	2.58
15	0.45	2.55

由图 4-18 可知，当 CeO_2 掺杂量为 14%及以下时，XRD 曲线呈单一的非晶相，表明固化体均为典型的非晶玻璃态结构。当 CeO_2 掺杂量达到 15%时，发现 CeO_2 特征峰。因此得出，在微波烧结 1300℃保温 30min 条件下，模拟 An^{4+} 污染土壤的极限固溶度为 14%。

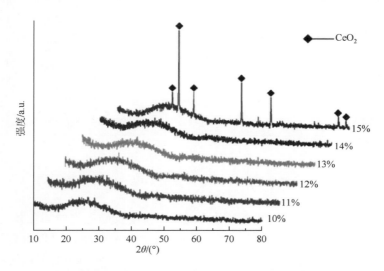

图 4-18　微波烧结样品 CeO_2 掺杂量为 10%～15%的 XRD 曲线

2. 光谱分析

图 4-19 为 CeO_2 掺杂量为 0%～15%的样品红外光谱。在 465cm^{-1} 和 796cm^{-1} 附近的吸收峰主要由 Si—O 键的弯曲振动引起[19]，而在 800～1200cm^{-1} 的强吸收宽带可能由 Si—O—Si 键的不对称伸缩振动所致[13]。随着 CeO_2 掺杂量的增加，玻璃固化体的主要吸收峰强度有所降低，此结果与 XRD 分析结果中玻璃固化体的非晶化程度逐渐降低相对应，说明随着 CeO_2 掺杂量的增大，土壤固化体的非晶化程度有所降低，逐步达到土壤的极限固溶度。位于 1385cm^{-1} 处的吸收峰与—CH₃ 键的弯曲振动模式有关[14]，这是由于在样品制作过程中有少量未挥发完的乙醇残留在样品表面。而位于 1640cm^{-1} 和 3425cm^{-1} 附近的吸收峰主要与—OH 键的伸缩振动模式有关[6]，且强度随着 CeO_2 掺杂量的增加并未明显变化，位于 2851cm^{-1} 和 2921cm^{-1} 处的吸收峰主要由—CH₂ 基团中 C—H 键的反对称伸缩振动和对称伸缩振动引起[7]。根据红外吸收峰的位置和形状可知：在样

品制作过程中存在少量的含羟基脂肪族碳氢有机质杂质。在玻璃体中，CeO_2 一般情况下只能观察到 700cm^{-1} 附近的红外吸收弱峰和 400cm^{-1} 附近的强红外吸收带[15]，在图谱中并无相应的峰位出现。

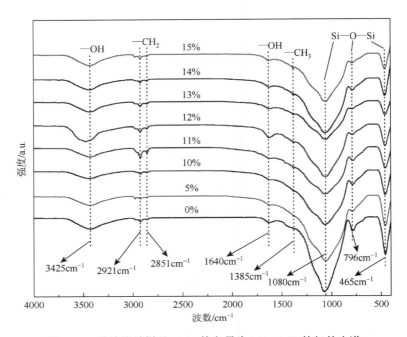

图 4-19　微波烧结样品 CeO_2 掺杂量为 0%～15% 的红外光谱

　　为进一步确认 Ce 在固化体中的赋存状态，可通过拉曼光谱对固化体中可能存在的化学键及官能团做进一步分析。图 4-20 为固化体的拉曼光谱，可以看到当 CeO_2 掺杂量低于 15% 时，在 400～500cm^{-1} 和 800～1200cm^{-1} 出现了两个明显的拉曼散射峰，其中 400～500cm^{-1} 的谱带属于 Si—O 键的弯曲振动，包括在聚合的硅氧四面体中 Si—O—Si 键的伸缩振动和在解聚的硅氧四面体中 Si—O—Si 键的弯曲振动[16]；800～1200cm^{-1} 的谱带与硅氧四面体中 Si—O 键的伸缩振动有关，它由不同硅氧四面体的非桥氧伸缩振动峰叠加而成。CeO_2 作为玻璃网络修饰体，随着其掺杂量的增加，玻璃网络中的 Si—O—Si 键增强，导致谱带发生略微偏移[17]。当 CeO_2 掺杂量达到 15% 时，在这两个波段的拉曼峰发生了明显变化，根据文献[18]可知，位于 462cm^{-1} 处的吸收峰属于 CeO_2 的特征峰。在红外光谱中，随着 CeO_2 掺杂量的增加，与 Ce 有关的红外吸收峰强度有所降低，但没有发现 CeO_2 的特征峰。这可能由 CeO_2 的峰位与玻璃体的特征峰位重叠导致。结合 XRD 曲线及红外光谱结果可知，当 CeO_2 掺杂量不超过 14% 时，没有发现与 Ce 有关的峰；但当 CeO_2 掺杂量达到 15% 时，在 XRD 曲线和拉曼光谱中出现 CeO_2 的特征峰，因此推断 CeO_2 在微波烧结过程中并没有参与玻璃生成的化学反应，可能以 CeO_2 单质的形式存在于玻璃固化体中。

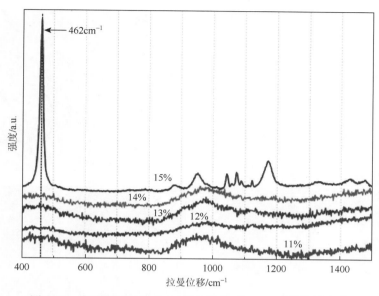

图 4-20　微波烧结样品 CeO_2 掺杂量为 11%～15%的拉曼光谱

3. 形貌分析

图 4-21 为固化体扫描电镜与土壤中含量较高的元素(O、Si、Al)及相应的 Ce 元素分布结果。图 4-21(a)为 CeO_2 掺杂量为 14%的扫描电镜结果，固化体表面光滑明亮。另外，从烧结后样品的内壁可以看出有 40%～50%的减容收缩。从元素分布结果中可以看出，Ce 元素及土壤中的主要元素分布都较为均匀，没有出现元素富集现象，说明 Ce 元素被均匀地固化到玻璃体中。但当 CeO_2 掺杂量达到 15%(图 4-21(b))时，固化体表面出现大量略微凸起的灰白色图案，结合元素分布结果可以得知 Ce 元素在固化体表面富集，产生析晶现象。

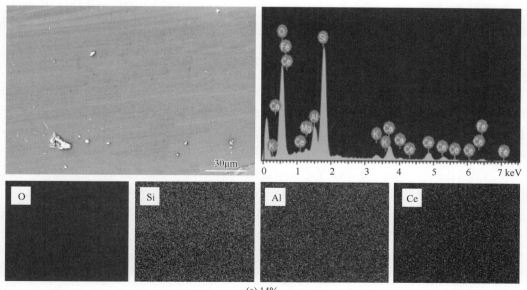

(a) 14%

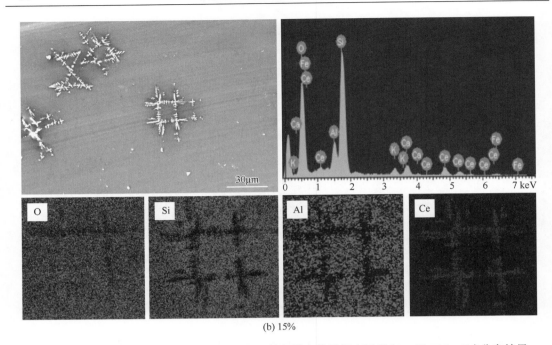

(b) 15%

图 4-21　固化体中 CeO_2 掺杂量为 14%、15%的扫描电镜及相应元素（O、Si、Al、Ce）分布结果

4. 核磁分析

为进一步确定玻璃体的分子化学结构，对固化体做 ^{29}Si 及 ^{27}Al 魔角旋转核磁共振（magic-angle-spinning nuclear-magnetic-resonance，MAS NMR）分析。

图 4-22（a）为 ^{29}Si MAS NMR 图谱，在−104ppm 处样品呈现出单一的共振谱带，由文献[19]可知，^{29}Si 核磁共振位置是由 Si 所处的硅氧四面体环境决定的，不同的硅氧四面体所引起的化学位移不同。一般采用 Q^n 来表示不同的硅氧四面体，其中 n 是四面体中桥氧键的数目（$0 \leqslant n \leqslant 4$），桥氧是硅氧四面体间共有顶角的氧离子，起桥梁作用，使硅氧四面体相互连接成网。因此，Q^0 表示单独的硅氧四面体结构，无桥氧键相连，以此类推，具体见硅氧四面体结构单元（图 4-23）[20]。含有不同数目桥氧键的硅氧四面体在 ^{29}Si MAS NMR 图谱中呈现的化学位移不同。Q^0 一般为−75～−65ppm，Q^1 为−83～−78ppm，Q^2 为−88～−85ppm，Q^3 为−99～−97ppm，Q^4 作为三维空间网络结构中的关联点，一般为−111～−107ppm。另外，在玻璃固化体中，Al 含量的增加会使其进入硅氧四面体结构单元中，取代 Si 的位置，从而形成 Si—O—Al 键，一般用 $Q^n(m\mathrm{Al})$ 来表示，m 是进入硅氧四面体中 Al 的数目，即形成 Si—O—Al 键的数目。Si—O—Al 键的增加会导致 ^{29}Si 核磁共振位置的偏移[21]，在硅酸盐玻璃结构中，一般平均每增加一个 Al 会导致 ^{29}Si 化学位移 3～5ppm[22]。结合图 4-22（a），^{29}Si 化学位移至−104ppm，硅氧四面体以 $Q^4(1\mathrm{Al})$ 的形式存在于硅酸盐玻璃网络结构中。

图 4-22（b）为 ^{27}Al MAS NMR 图谱，从共振谱带上可以看出，在玻璃网络体中，Al^{3+} 主要以四配位的形式存在，其共振峰的位置大约为 55ppm，该峰位于被硅氧四面体包裹的 Al^{3+} 的化学位移范围内（一般此类 Al^{3+} 的化学位移为 50～72ppm），这一发现符合

Loewenstein 的 Al-O-Al avoidance 规则，同样意味着 Al^{3+} 在玻璃网络体中主要以四配位形式存在[21, 23]。另外，在 –21ppm 附近有少量的 Al^{3+} 以五配位的形式存在，这说明部分 Al 进入硅氧四面体中，并取代邻近 Si 的位置，形成 Al—O—Si 键，这一现象与 ^{29}Si MAS NMR 图谱中的情况相符合。此外，在 17ppm 附近存在微量六配位的 Al，这说明微量 Al 没有参与玻璃生成的化学反应，在玻璃生成反应过程中，氧化铝与氧化硅物质的量之比是玻璃合成的主要因素，氧化铝含量过高，玻璃将很难生成。

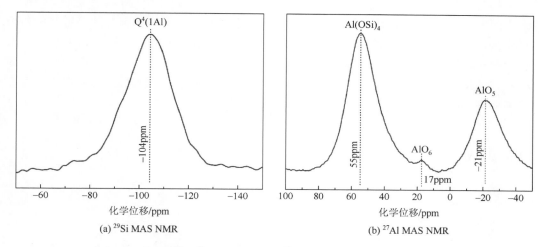

(a) ^{29}Si MAS NMR　　　　　　　(b) ^{27}Al MAS NMR

图 4-22　CeO_2 掺杂量为 14% 样品的 ^{29}Si 及 ^{27}Al MAS NMR 分析结果

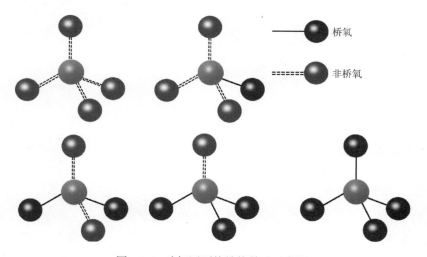

图 4-23　硅氧四面体结构单元示意图

5. 固核机理分析

图 4-24 给出了微波烧结固核机理示意图。在玻璃生成反应过程中，原材料中的主要成分大致可分为三种：第一种为玻璃网络生成体氧化物，即可以单独生成玻璃，如 SiO_2、B_2O_5、P_2O_5 等，它们一般能形成三面体或四面体，从而组成连续的网络或骨架结构；第

二种为玻璃网络中间体氧化物，又称玻璃网络中间体，如 Al_2O_3、MgO、ZnO 等，Al^{3+}等称为中间离子，在玻璃结构中，不同条件下的中间离子可作为网络生成离子，也可作为网络外离子，并使其配位数发生相应的改变；第三类为玻璃网络修饰体氧化物，又称玻璃网络修饰体，其在玻璃生成过程中起到断网作用，即可以使硅氧网络以架状、层状、链状的形式产生形变，CaO 和其他碱金属氧化物都属于网络修饰体，为玻璃生成反应提供游离氧，配位数一般大于等于 6。从图 4-24 中可以看出在整个玻璃生成反应过程中主要组分及掺杂物的存在状态，SiO_2 是硅原子和四个氧原子形成的四面体结构的原子晶体，硅原子位于正四面体的中心，四个氧原子位于正四面体的四个顶角上，四面体之间通过共用角顶的氧连接，形成三维空间网络结构，具有很强的结构稳定性。CeO_2 属于玻璃网络修饰体，具有萤石相结构，隶属于 $Fm\overline{3}m$ 空间群，一个铈原子与四个氧原子相连，在空间上形成面心立方结构。在上述研究结果中，Ce^{4+} 可能没有参与玻璃的生成反应，以单质形式存在于玻璃网络结构中。

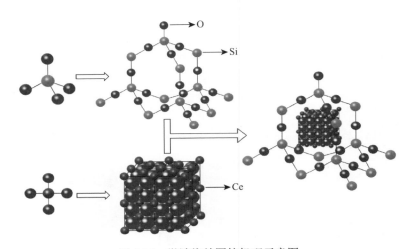

图 4-24　微波烧结固核机理示意图

4.3.3　固化体的性能

1. 密度及孔隙率

图 4-25 和图 4-26 分别为玻璃固化体的密度及孔隙率测试结果。可以看出，随着 CeO_2 掺杂量的增加，固化体的密度增大，从 $1.987g/cm^3$ 增大至 $2.449g/cm^3$，孔隙率逐渐降低，最后趋于密实。究其原因是玻璃的密度主要取决于玻璃的原子质量及原子堆积紧密程度，掺杂 CeO_2 之后，CeO_2 位于玻璃网络结构间隙中，没有参与玻璃生成的化学反应，没有增加玻璃网络体的体积，使得玻璃固化体在相同体积条件下更为致密。同时由于 Ce 的原子质量及配位数大于土壤中大部分元素的原子质量及配位数，玻璃固化体质量随着 CeO_2 掺杂量的增加而增加[24]。CeO_2 掺杂量的增加可以降低玻璃固化体的最低共熔温度，在相同的烧结温度下，液相生成量增加，离子扩散、颗粒重排等过程加速，促进烧结。此外，液

相将湿润固相的表面使得固相粒子紧密堆积从而填充气孔，最终使玻璃固化体更为致密，孔隙率降低[25]。

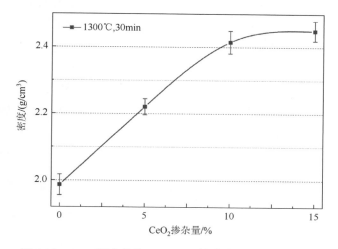

图 4-25　CeO_2 掺杂量为 0%~15% 的玻璃固化体密度曲线

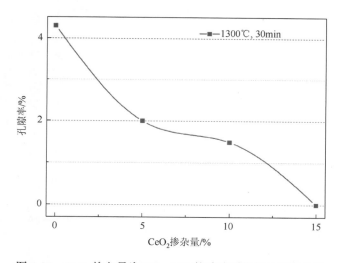

图 4-26　CeO_2 掺杂量为 0%~15% 的玻璃固化体孔隙率曲线

2. 化学稳定性

模拟 An^{4+} 核试验场污染土壤固化体在 90℃ 条件下的 Ce 元素归一化浸出率如表 4-7 和图 4-27 所示。从图中可以看到，固化体在 3d 时的浸出率区别较大，CeO_2 掺杂量为 30% 的固化体中 Ce 元素归一化浸出率高达 $1.57 \times 10^{-4} g/(m^2 \cdot d)$，而 CeO_2 掺杂量为 5% 的固化体中 Ce 元素归一化浸出率为 $7.21 \times 10^{-5} g/(m^2 \cdot d)$。浸出时间从 3d 到 21d，所有样品的 Ce 元素归一化浸出率迅速降低，且随着时间的延长，Ce 元素归一化浸出率逐渐趋于平稳，基本保持在 $1.0 \times 10^{-5} g/(m^2 \cdot d)$ 量级。这可能是由于在长期浸泡过程中，硅氧网络发生水解，释放出 Si、Al、Ca 等元素，在反应层面形成一层絮凝面，从而减缓了浸出速率[26]。在 42d 之后，所有样品中 Ce 元素的归一化浸出率平均低至 $0.9 \times 10^{-5} g/(m^2 \cdot d)$ 量级，且都保持平稳。这表明微波烧结放射性污染土壤固化体具有良好的抗浸出性能，化学性质较为稳定。

表 4-7　玻璃固化体中 Ce 元素的归一化浸出率

样品编号	CeO₂掺杂量/%	浸出率/($\times 10^{-5} g/(m^2 \cdot d)$)					
		3d	7d	14d	28d	35d	42d
1	5	7.21	3.90	2.24	1.02	0.90	0.89
2	10	9.80	4.10	2.31	1.04	0.93	0.91
3	15	10.40	4.47	2.42	1.07	0.97	0.93
4	20	12.30	4.73	2.76	1.06	0.98	0.95
5	25	13.50	4.95	2.92	1.04	1.00	0.96
6	30	15.70	5.21	3.10	1.10	1.02	0.98

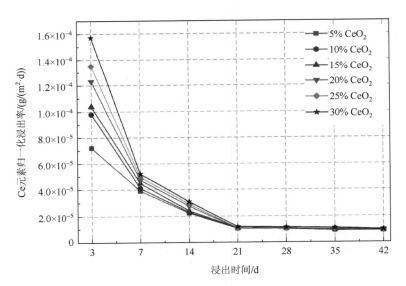

图 4-27　CeO₂掺杂量为 0%～30% 的玻璃固化体 Ce 元素归一化浸出率曲线

4.4　模拟双锕系元素污染土壤的微波处理

针对土壤存在多种放射性元素污染的问题，选取 Nd^{3+}、Ce^{4+} 分别作为三价、四价锕系元素替代物，利用微波烧结技术对于模拟双锕系元素污染土壤进行处理，分析了固化体的极限固溶度及物相。

4.4.1　固化体的配方设计

表 4-8 为初始实验预设配方，根据后续实验结果，还需进一步设计固溶度的配方。

表 4-8　固化体的配方设计

编号	原料添加量/g			模拟污染物的质量分数/%		
	土壤	Nd_2O_3	CeO_2	Nd_2O_3	CeO_2	$Nd_2O_3 + CeO_2$
1	3.00	0	0	0	0	0
2	2.70	0.15	0.15	5	5	10
3	2.55	0.15	0.30	5	10	15
4	2.40	0.15	0.45	5	15	20
5	2.25	0.15	0.60	5	20	25
6	2.10	0.15	0.75	5	25	30
7	2.55	0.30	0.15	10	5	15
8	2.40	0.30	0.30	10	10	20
9	2.25	0.30	0.45	10	15	25
10	2.10	0.30	0.60	10	20	30
11	2.40	0.45	0.15	15	5	20
12	2.25	0.45	0.30	15	10	25
13	2.10	0.45	0.45	15	15	30
14	2.25	0.60	0.15	20	5	25
15	2.10	0.60	0.30	20	10	30
16	2.10	0.75	0.15	25	5	30

4.4.2　固化体的特性

1. 物相及固溶度分析

图 4-28 为固化体样品的 XRD 曲线。从图中可以看出，1～4 号固化体样品没有出现连续或离散的尖峰，这表明了非晶态玻璃的结构特征。随着模拟污染元素掺杂量的增加，非晶态峰逐渐向高角度移动，这表明随着 Ce^{4+}、Nd^{3+} 掺杂量的增加，在硅酸盐玻璃基体中玻璃网络结构形态较为无序。然而，当 CeO_2 掺杂量超过 15% 时，XRD 曲线上出现 CeO_2 的尖峰，表明此条件下不能形成完全非晶态。因此，当 Nd_2O_3 和 CeO_2 共掺杂时，Nd_2O_3 掺杂量保持在 5% 不变，CeO_2 在固化体中的掺杂量至多为 15%。当 Nd_2O_3 掺杂量达到 10% 时，如图 4-28(b) 所示，随着 CeO_2 掺杂量的增加，固化体的非晶态峰强度差异较小，直至 CeO_2 掺杂量达到 20% 时，出现 CeO_2 原料峰。在图 4-28(c) 中，总固溶度保持不变，随着 Nd_2O_3 掺杂量的继续增加，没有出现 Ce 和 Nd 的相关峰。结果表明，在放射性元素共掺杂的情况下，CeO_2 在土壤中的固溶度达到 15%。

为了进一步确定放射性元素共掺杂条件下 Nd_2O_3 在土壤中的极限固溶度，设计如表 4-9 所示的模拟污染土壤配方。CeO_2 掺杂量保持在 15% 不变，Nd_2O_3 掺杂量从 20% 增加到 30%，该系列样品的 XRD 曲线如图 4-28(d) 所示。以 13 号样品为对照，随着 Nd_2O_3 掺杂量的增加，固化体的非晶态相特征消失，出现大量原始混合相峰，表明模拟元素掺杂量已超过极限固溶度，模拟元素不能完全有效地固化。当 Nd_2O_3 掺杂量增加到 30% 时，没有检测到与 Nd_2O_3 有关的峰，但有少量的 CeO_2 峰，这可能是由于 Nd_2O_3 和 CeO_2 属于玻璃网络修饰体，不参与形成玻璃网络，但 Nd^{3+} 的离子半径大于 Ce^{4+}，Nd^{3+} 不仅可以进入玻璃的硅氧网络结构，而且在网络结构外有少量 Nd^{3+}。另外，由于 Nd^{3+} 电荷高，磁场强，具有较强的蓄积作用，阻碍了热处理过程中结构的有序排列，导致部分 Ce^{4+} 结晶。从 XRD 分析中可以看到，当 CeO_2 掺杂量保持在 15% 不变时，烧结基体中 Nd_2O_3 的固溶度小于 20%。

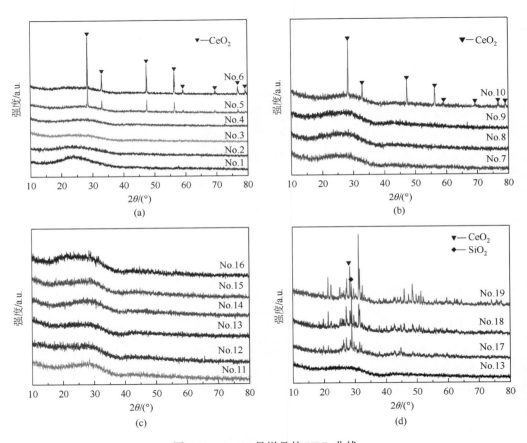

图 4-28　1～19 号样品的 XRD 曲线

表 4-9　总固溶度超过 30% 的模拟污染土壤配方设计

编号	原料添加量/g			模拟污染物的质量分数/%		
	土壤	Nd_2O_3	CeO_2	Nd_2O_3	CeO_2	$Nd_2O_3 + CeO_2$
17	1.95	0.60	0.45	20	15	35
18	1.80	0.75	0.45	25	15	40
19	1.65	0.90	0.45	30	15	45

根据上述实验结果，设计放射性元素的总固溶度为 31% 的固化体配方，并调整 Nd$_2$O$_3$ 和 CeO$_2$ 掺杂量，如表 4-10 所示。XRD 曲线如图 4-29 所示，可以看出，当 Nd$_2$O$_3$ 掺杂量超过 20% 时，烧结基体中仍有较多的杂相峰。随着 Nd$_2$O$_3$ 掺杂量的降低，峰强度和杂峰数逐渐减小。23 号样品烧结基体具有明显的非晶态特征，说明在该比例下烧结基体基本上形成了玻璃态。此外，玻璃的特征峰上只出现一个很小的 SiO$_2$ 衍射峰，这可能与模拟元素的量及样品制备过程中原料引起的误差有关。25 号样品中观测到 CeO$_2$ 相关衍射峰。结合上述 XRD 结果，可以得出：无论在何种匹配条件下，CeO$_2$ 在烧结基体中的固溶度均为 15%；当 Nd$_2$O$_3$ 和 CeO$_2$ 掺杂量为 16% 和 15% 时，出现相对明显的漫散射峰，这是玻璃化性质的明显标志。

表 4-10　总固溶度为 31% 的模拟污染土壤配方设计

编号	原料添加量/g			模拟污染物的质量分数/%		
	土壤	Nd$_2$O$_3$	CeO$_2$	Nd$_2$O$_3$	CeO$_2$	Nd$_2$O$_3$ + CeO$_2$
20	2.07	0.78	0.15	26	5	31
21	2.07	0.75	0.18	25	6	31
22	2.07	0.63	0.30	21	10	31
23	2.07	0.60	0.33	20	11	31
24	2.07	0.48	0.45	16	15	31
25	2.07	0.45	0.48	15	16	31

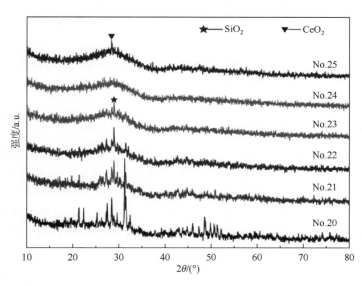

图 4-29　20～25 号样品的 XRD 曲线

在核试验场地的复杂环境条件下，放射性污染土壤中放射性元素掺杂量和比例会随核试验场地的性质而变化。本节通过 XRD 分析初步确定了土壤烧结基体中模拟元素的极限固溶度，分别为：（Nd$_2$O$_3$ 5%、CeO$_2$ 15%）、（Nd$_2$O$_3$ 10%、CeO$_2$ 15%）、（Nd$_2$O$_3$ 15%、CeO$_2$ 15%）、（Nd$_2$O$_3$ 16%、CeO$_2$ 15%）、（Nd$_2$O$_3$ 20%、CeO$_2$ 10%）、（Nd$_2$O$_3$ 25%、CeO$_2$ 5%）。另外，Nd$_2$O$_3$ 的极限固溶度为 25%，CeO$_2$ 的极限固溶度为 15%，均大于单核掺杂的固溶度（Nd$_2$O$_3$ 20%~25%，CeO$_2$ 14%）。一方面，可能是由于 Nd$_2$O$_3$ 和 CeO$_2$ 都能促进玻璃相的形成，它们的共掺杂导致玻璃相的形成多于单一掺杂。另一方面，与二者的晶体半径有关，Nd$_2$O$_3$ 的晶体半径为 1.249Å，CeO$_2$ 的晶体半径为 1.11Å。一部分 CeO$_2$ 在共掺杂时进入 Nd$_2$O$_3$ 晶体的间隙，导致 CeO$_2$ 的固溶度略有增加。图 4-30 为不同掺杂量 Nd$_2$O$_3$ 和 CeO$_2$ 土壤固化体样品的相变示意图。

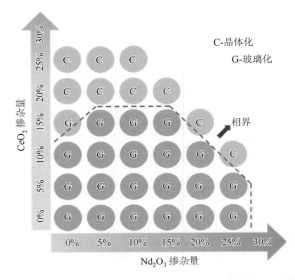

图 4-30　不同掺杂量 Nd$_2$O$_3$ 和 CeO$_2$ 土壤固化体的相变示意图

2. 结构分析

土壤固化体的整个光谱可以分为两部分。第一部分主要包括尖锐的特征吸收带，为 400~1300cm^{-1}。通常硅酸盐玻璃光谱具有三种特征：在 480cm^{-1} 左右的峰是硅酸盐网络中 Si—O 键的弯曲振动；在 790cm^{-1} 附近的峰为 O—Si—O 键的对称弯曲振动；在 800~1300cm^{-1} 范围的是 Si—O—Si 键的硅氧四面体单元的反对称伸缩振动。第二部分主要为强度比较弱的峰，包括在 3440cm^{-1} 和 1630cm^{-1} 附近由分子水或羟基相关带引起的伸缩振动峰，以及在 2850~2921cm^{-1} 处由—CH$_2$ 引起的伸缩振动峰和在 1385cm^{-1} 处由—CH$_3$ 引起的弯曲振动峰。

图 4-31（a）~（c）是总掺杂量分别为 25%、30% 和 31% 的样品的红外光谱。硅酸盐玻璃的特征峰非常明显，模拟元素掺杂量和比例对硅酸盐玻璃结构的影响不同。790cm^{-1} 附近的吸收峰消失，这表明样品玻璃中非桥氧的数量正在减少。而 800~1300cm^{-1} 处的强吸收带峰大部分变得尖锐，这与玻璃中 Q^n 有关，随着模拟元素掺杂量增加，Q^3、Q^4 增加，Q^0、Q^1 减少，玻璃的稳定性提高。

为了验证模拟元素对网络结构的影响，采用高斯函数拟合 24 号样品 700～1350cm^{-1} 范围内的光谱。这些硅酸盐中的硅氧四面体可以用傅里叶变换红外光谱中的 Si—O 键伸缩频率来区分：850cm^{-1} 附近的光谱属于原硅酸根（SiO$_4^{4-}$）；900cm^{-1} 附近的光谱属于 Si$_2$O$_7^{6-}$ 基团；950～1000cm^{-1} 处的光谱属于链状硅酸盐（Si$_3$O$_9^{6-}$）；1050～1100cm^{-1} 处的光谱属于片状硅酸盐（Si$_4$O$_{11}^{6-}$），分别用 Q^0、Q^1、Q^2 和 Q^3 表示，Q^4 几乎不具有红外活性。在图 4-31（d）中，Q^3 占据了网络结构的大部分，这意味着硅氧四面体主要以片状形式存在，对烧结基体的结构稳定性具有良好的推进作用。

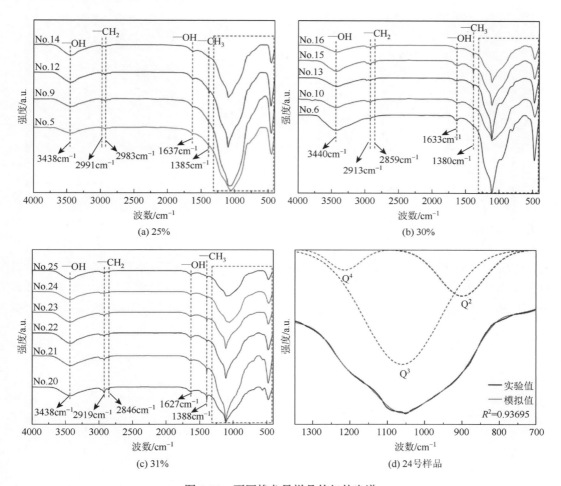

图 4-31　不同掺杂量样品的红外光谱

图 4-32（a）～（f）分别为 5、10、15、23、24、25 号样品的扫描电镜照片。图 4-32（a）和（b）的样品为晶体，结合 XRD 的分析结果可知晶体为 CeO$_2$。同样地，图 4-32（d）和（f）的样品也是结晶的，根据相应的表面扫描和 XRD 结果，在图 4-32（d）中晶体为 SiO$_2$，在图 4-32（f）中晶体为 CeO$_2$。图 4-32（e）与（f）相比，当总掺杂量为 31% 时，由于 Nd$_2$O$_3$ 和 CeO$_2$ 掺杂量不同，结果有显著差异，这是因为 Nd$_2$O$_3$ 掺杂量的增加提高了固溶度，有利于玻璃的形成。

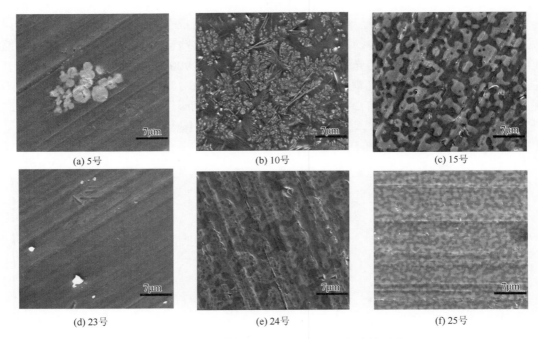

(a) 5号　　　　　　　　　(b) 10号　　　　　　　　　(c) 15号

(d) 23号　　　　　　　　　(e) 24号　　　　　　　　　(f) 25号

图 4-32　不同固溶度下土壤固化体的扫描电镜照片

4.4.3　物理性能评价

　　利用显微维氏硬度仪对部分代表性样品进行硬度测试，结果如图 4-33 所示。随着 Nd_2O_3 和 CeO_2 总掺杂量的增加，固化体的硬度增加。其中，土壤的硬度最低，为 6.66GPa，Nd_2O_3 和 CeO_2 总掺杂量为 30%的样品硬度最高，为 7.11GPa。当 Nd_2O_3 的掺杂量为 5%

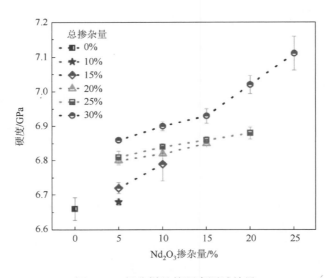

图 4-33　部分样品的硬度测试结果

时，随着 CeO_2 掺杂量的增加，硬度从 6.68GPa 增加到 6.86GPa。当 Nd_2O_3 和 CeO_2 总掺杂量固定时，固化体的硬度随 Nd_2O_3 掺杂量的增加而上升。例如，当 Nd_2O_3 和 CeO_2 总掺杂量为 30%时，随 Nd_2O_3 掺杂量的增加，固化体的硬度从 6.86GPa 增加到 7.11GPa。因此，掺杂 Nd_2O_3 和 CeO_2 都利于硬度提高。

4.5　模拟核试验场铀污染土壤的微波处理

自 20 世纪 60 年代以来，核试验的开展逐步由大气层转入地下。对于开展过地下试验的核试验场，其所处的地质条件以沉积岩和火山岩为主[27, 28]，其中沉积岩包括页岩、砂岩及石灰岩。

4.5.1　固化体的制备

采用以紫色页岩或砂岩发育而成的紫色土开展模拟核试验场铀污染土壤的微波烧结试验，根据不同铀(U)浓度下土壤固化体的物相及微观结构变化探究其固核机理，并开展土壤固化体的抗浸出性能测试以评价其化学稳定性。主要使用的实验试剂见表 4-11。

表 4-11　实验试剂

名称	化学式	纯度	生产厂家
六水合硝酸铀酰	$UO_2(NO_3)_2 \cdot 6H_2O$	AR99%	湖北楚胜威化工有限公司
无水乙醇	CH_3CH_2OH	AR99.7%	成都金山化学试剂有限公司

注：AR 指分析纯(analytically pure)

实验中，根据放射性污染土壤中不同污染等级设计元素的浓度梯度[29-32]。如图 4-34 所示，以 AR 级 $UO_2(NO_3)_2 \cdot 6H_2O$ 作为铀源，按 U 在土壤中的浓度以 5μg/g、50μg/g、500μg/g、5000μg/g 和 50000μg/g 的添加量分别加入过 200 目筛的紫色土中制备模拟放射性污染土壤样品，并加空白样品(不含铀)作对照。每个样品按 3.000g 计，置于微波烧结炉中在 1400℃ 下保温 30min，待自然冷却后取出样品。不同 U 浓度的土壤固化体见图 4-35。

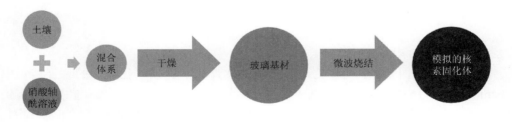

图 4-34　实验过程示意图（一）

图 4-35　不同 U 浓度的紫色土固化体

4.5.2　固化体的特性

1. 物相分析

图 4-36 显示出随着 U 浓度从 0μg/g 增加到 5000μg/g，XRD 曲线呈现出单一的非晶漫散射峰，这表明含 U 土壤固化体呈现出单一的非晶相，但在 U 浓度为 50000μg/g 的样品中，约在 $2\theta = 35°$ 处出现了一个弱石英峰。此外，在不同 U 浓度下紫色土固化体中均未发现与 U 相关的衍射峰。随着 U 浓度的升高，玻璃体中开始析出晶相，因此推测 U 可能被固化进入土壤固化体的玻璃相中。

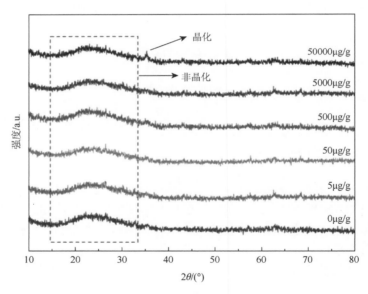

图 4-36　不同 U 浓度紫色土固化体的 XRD 曲线

2. 结构分析

图 4-37 为不同 U 浓度紫色土固化体的红外光谱。玻璃化形态的特征峰集中在 2000cm^{-1} 以下。1634cm^{-1} 附近的微弱吸收峰属于羟基的弯曲振动，这可能由红外光谱测试样品制备过程中吸附水以及有机溶剂对模具的清洗所致。在 1600cm^{-1} 以下存在由化学键的伸缩或弯曲振动引起的红外吸收峰。

　　低频段中,在约 473cm^{-1} 处的吸收带与 Si—O—Si 键和 O—Si—O 键的伸缩振动有关。铝硅酸盐在 650～750cm^{-1} 处呈现 Al—O—Si 键的线性振动,在 789cm^{-1} 处呈现桥氧相关的 O—Si—O 键的对称弯曲振动,此处的对称弯曲振动是三维网络结构的一个特征。800～1200cm^{-1} 是基体中玻璃相的硅氧四面体相关的振动带。在这个范围内较宽的吸收峰是由几个吸收峰复合而成的。通过高斯拟合,将宽带分解为三个峰,分别在 900cm^{-1}、1050cm^{-1} 和 1100cm^{-1} 附近。900cm^{-1} 附近的谱带是由 Si—O 键的非对称伸缩振动引起的。1000～1100cm^{-1} 的谱带与 Si—O—Si 键的不对称伸缩振动有关。上述特征波段的吸收谱带证明固化体中玻璃网络主要由硅氧四面体及铝氧四面体构成。

　　此外,在约 1380cm^{-1} 处也有一些与—CH$_3$ 相关的微小谱带,这也是由样品制备过程残留的有机溶剂所致。在其余波段未检测到 U 与其他离子或离子簇相关的化学键吸收峰。

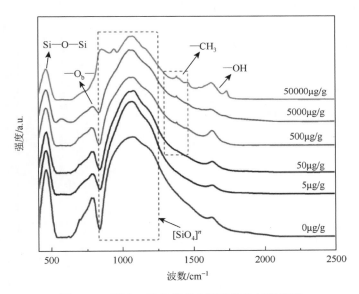

图 4-37　不同 U 浓度紫色土固化体的红外光谱

　　通过比较所有的光谱,发现 U 浓度对键有影响。在 473cm^{-1} 处,随着 U 浓度的增加,峰逐渐减弱,表明 Si—O—Si 键和 O—Si—O 键的比例下降。这可能是由于 Al^{3+} 进入 Si—O 网络结构并形成铝氧四面体而导致的,铝氧四面体的形成更有利于对 U 的固化。如红外光谱所示,样品中存在 Si—O—Al 键。然而,在掺杂更多 U 的玻璃中,尤其是 U 浓度为 50μg/g 的样品中,Si—O—Al 键的强度显著降低。此外,还将样品中 Si—O 键(900cm^{-1} 附近)的不对称伸缩振动分为几个小峰。这表明在高浓度 U 的掺杂体系中,Si—O—Al 键可能开始被破坏。因此,U 浓度的增加可能改变了玻璃中 Si 的现有构型。

　　为了探究不同 U 浓度下玻璃网络构型的变化情况,从玻璃形成过程中 Si 与不同末端 O 原子的五种配位模式出发,对固化体红外光谱位于 800～1200cm^{-1} 的吸收带按下列波段进行高斯拟合:Q^0(850cm^{-1} 附近)构型、Q^1(900cm^{-1} 附近)构型、Q^2(950～1000cm^{-1} 附近)

构型和 Q^3（1050cm^{-1}附近）构型，而 Q^4 构型几乎不具有红外活性。一般情况下，Q^0 表明硅氧四面体中不含桥氧，这种构型偏向于在玻璃体系中析出 SiO_2 晶体；Q^3 表明硅氧四面体中含有 3 个桥氧。

考虑到 Q^4 型不具有红外活性，以 Q^0 及 Q^3 型在玻璃网络结构中的含量来评价不同 U 浓度下固化体中玻璃网络结构的变化情况。图 4-38 显示了不同 U 浓度下 Q^0 和 Q^3 构型在玻璃网络中含量的变化情况。当 U 浓度超过 500μg/g 时，Q^0 含量明显增加，这可能是由于随着 U 浓度的提升，Si 及 Al 与 O 形成玻璃网络以容纳更多的 U；而当 U 浓度从 5000μg/g 增加到 50000μg/g 时，Q^3 含量突然下降，究其原因主要是随着 U 浓度的进一步提升，部分处于网络结构中的 Q^4 或 Q^3 构型中桥氧断裂，析出部分低桥氧配位硅氧四面体结构，通过对玻璃网络局部微观结构的重组，增大玻璃网络的空间以容纳更多的 U。U 浓度为 50000μg/g 的土壤固化体的 Q^0 构型含量最高，850cm^{-1}附近的吸收带变得更明显，这也是该样品 XRD 曲线出现微弱 SiO_2 相关衍射峰的原因。

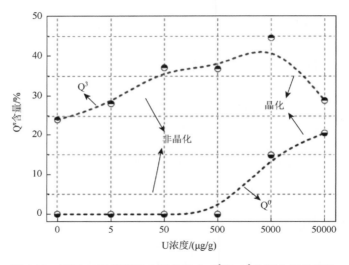

图 4-38　不同 U 浓度紫色土固化体中 Q^0 及 Q^3 构型含量的变化

由于 Q^4 既不显示全部的红外活性也不显示拉曼活性，因此利用核磁共振研究 U 浓度最高的玻璃固化体中 Si 和 Al 原子的配位情况。图 4-39（a）中发现 ^{29}Si 谱中硅氧四面体主要为 Q^3 和 Q^4 构型，这表明硅氧四面体在玻璃相中累积大量的网络结构。此外，[AlO$_4$]和[AlO$_5$]是铝的主要存在形式，少量的铝以[AlO$_6$]的形式存在（约 18ppm）。这意味着部分 Al 原子已经取代 Si 原子，进入了网格。因此，Al 有助于形成铝氧多面体的玻璃网络。这与红外光谱结果一致。

根据上述测试结果可推断出，一般情况下，含 U 土壤玻璃化的形成机理如图 4-40 所示。在富含 Al^{3+}的土壤中，Al 原子在玻璃化过程中倾向于取代 Si 原子进入网络，生成的铝硅酸盐将在玻璃相中形成更复杂的网络，同时 U 被固定在所形成的网络结构中。随着 U 浓度的提高，网络结构发生了调整，从而产生 Q^0 等单体结构，析出并形成 SiO_2。

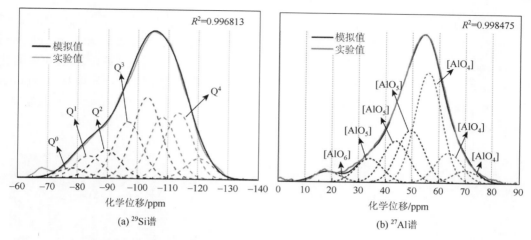

(a) ^{29}Si谱　　　　　　　　　　　　(b) ^{27}Al谱

图 4-39　U 浓度为 50000μg/g 紫色土固化体的核磁共振测试结果

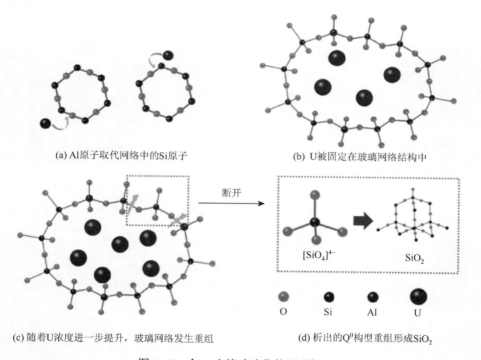

(a) Al原子取代网络中的Si原子　　　　　　(b) U被固定在玻璃网络结构中

(c) 随着U浓度进一步提升，玻璃网络发生重组　　　(d) 析出的Q^0构型重组形成SiO_2

图 4-40　含 U 土壤玻璃化的形成机理

3. 形貌分析

图 4-41 为不同 U 浓度下土壤固化体断面的扫面电镜照片。当 U 浓度为 0～5000μg/g 时，样品的断面呈现光滑平整且均一的形态，结合 XRD 测试结果，表明样品此时为单一的玻璃相。当 U 浓度提升至 50000μg/g 时，在固化体的断面中出现了细小的析晶区域，此时样品主相依然为非晶相。图 4-42(a)中样品的能量色散 X 射线谱(X-ray energy dispersive spectrum，EDS）显示此时样品中 O、Al、Si 及 U 元素分布均匀，说明 U 被均匀地固定在玻璃网络结构中。图 4-42（b）为土壤固化体粉末的透射电子显微镜（transmission electron microscope，TEM）照片，根据对应的非晶区域 A 及结晶区域 B 在样品中的分布可知固化体中晶体相均匀分布。图 4-42（c）中原子规则排布区域的快速傅里叶变换（fast Fourier transform，FFT）结果与图 4-42（b）中的衍射图样相对应，表明当 U 浓度为 50000μg/g 时，土壤固化体中析出的晶相为 SiO_2。

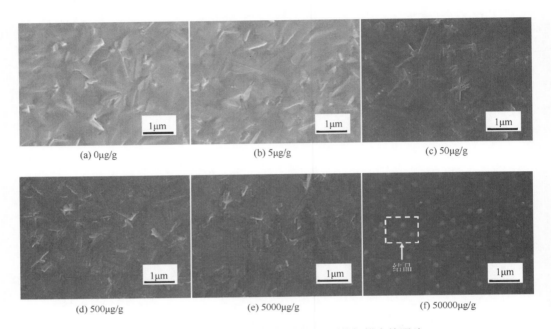

图 4-41　不同 U 浓度紫色土固化体断面的扫描电镜照片

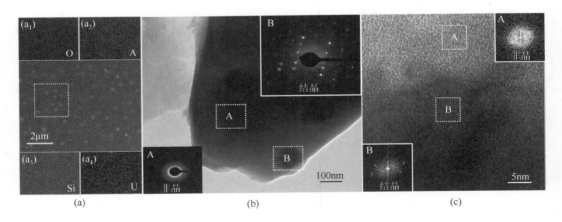

图 4-42　U 浓度为 50000μg/g 的紫色土固化体的(a)断面的 EDS 照片，(b)TEM 照片及对应区域的衍射图样，(c)HRTEM 照片及相应区域的 FFT 结果

HRTEM 指高分辨率透射电子显微镜（high resolution transmission electron microscopy）

4.5.3　固化体的性能

图 4-43 为土壤固化体的密度随 U 浓度、烧结温度和粒径的变化规律。结果表明，温度越高、粒径越小、U 浓度越高，土壤固化体的密度越高。此外，在所探究范围内，粒径对密度的改善作用似乎比温度更重要。土壤过 200 目筛时在 1300℃下烧结所得固化体的密度比在土壤未过筛时在 1400℃下烧结所得固化体的密度高。此外，U 浓度的增加导致玻璃相中的析晶对密度变化趋势没有明显影响。总体上，土壤未过筛时在 1400℃下所得固化体具有最低密度（2.72g/cm³）；而当土壤经过 200 目筛处理后，在 1400℃下所得固化体具有最高密度（2.96g/cm³）。

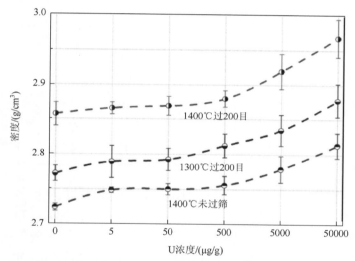

图 4-43　不同 U 浓度、烧结温度及粒径下紫色土的密度变化

4.6　模拟不同种类铀污染土壤的微波处理

目前，世界上大多数核试验场都位于较为偏僻且远离生物圈的地区。这些地区普遍气候干燥，缺少降水[33-35]。为了模拟不同地区核试验场周边的污染土壤，结合实际气候条件，本节采用风沙土、盐碱土及灰漠土开展土壤的微波烧结实验，探究不同种类土壤在微波烧结条件下玻璃化过程中的差异及影响因素。

4.6.1　固化体的制备

实验所采用的风沙土采集自兰州市七里河区（N：36.041865°，E：103.725099°，$h=1634m$）；盐碱土采集自兰州市安宁区（N：36.093682°，E：103.722509°，$h=1480m$）；灰漠土采集自兰州市七里河区（N：36.043598°，E：103.723379°，$h=1591m$），如图 4-44 所示，均采用五点取样法采集 0～10cm 表层土壤。将三种土壤挑残、干燥及高温预处理后分别置于玛瑙研钵中研磨并过 200 目筛，得到微波烧结所用的土壤粉体。土壤样品的元素组成见表 4-12。

图 4-44　土壤样品的采集

表 4-12　实验所使用土壤的主要元素组成

种类	质量分数/%							
	SiO_2	Al_2O_3	Fe_2O_3	CaO	MgO	K_2O	Na_2O	TiO_2
灰漠土	67.12	15.34	4.98	4.77	1.56	1.48	0.94	0.71
盐碱土	60.44	14.27	11.27	5.41	2.95	2.44	1.56	0.73
风沙土	59.86	14.43	11.95	5.29	3.19	2.42	1.57	0.71

根据放射性污染土壤中不同污染等级设计元素的浓度梯度，以 AR 级 $UO_2(NO_3)_2 \cdot 6H_2O$ 作为铀源，按 U 在土壤中的浓度以 5μg/g、50μg/g、500μg/g、5000μg/g 和 50000μg/g 的添加量分别加入过 200 目筛的灰漠土、盐碱土和风沙土中制备模拟核试验场污染土壤样品，并加空白样品(0μg/g)作对照。每个样品按 3.000g 计，置于微波烧结炉中在 1300℃下保温 30min，待自然冷却后取出样品。实验过程如图 4-45 所示，土壤在室温至 1300℃下的微波烧结工艺曲线见图 4-46。

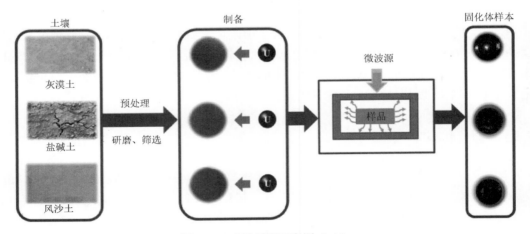

图 4-45　实验过程示意图（二）

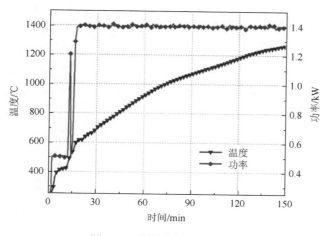

图 4-46　微波烧结工艺曲线

4.6.2　固化体的特性

1. 物相分析

空白土壤样品的物相如图 4-47(a)所示。可见，未烧结灰漠土、盐碱土和风沙土样品的主要相含石英和长石。另外，灰漠土和盐碱土在 $2\theta = 12.5°$ 和 $17.7°$ 附近有两个弱衍射峰，这可能归因于 $Na_6Al_6Si_{10}O_{32}$ 相。图 4-47(b)～(d)显示了不同土壤固化体的 XRD 曲线。结果表明，在微波烧结条件下，每种类型的土壤几乎被完全玻璃化。随着 U 浓度从 0μg/g 逐渐增加到 5000μg/g，各类土壤固化体未出现晶体衍射峰，但当 U 浓度达到 50000μg/g 时，灰漠土和盐碱土的 XRD 曲线中相对应的 $2\theta = 26°(011)$ 处出现了两个衍射峰。这表明这两种土壤玻璃化过程中析出了部分 SiO_2 晶体相。此外，在 U 浓度为 50000μg/g 的灰漠土中，在 $2\theta = 35°$ 附近有一个弱晶体衍射峰，该峰也归因于 $SiO_2(110)$。通过对比最大 U 浓度下三种土壤固化体的 XRD 曲线，初步判断此时灰漠土的结晶度略高于盐碱土。

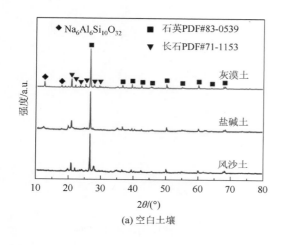

(a) 空白土壤

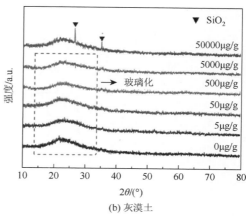

(b) 灰漠土

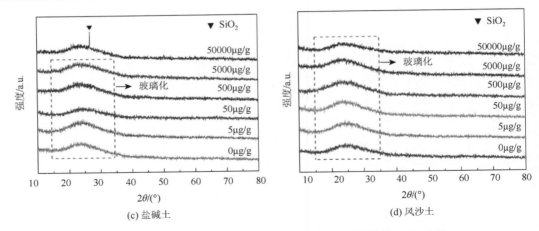

图 4-47　不同空白土壤样品和不同 U 浓度土壤固化体的 XRD 曲线

在相同的烧结处理条件下，U 浓度的增加可能导致玻璃固化体中晶相的析出。因此，在保持土壤固化体处于单一非晶相的前提下，U 在风沙土中的最大浓度可能高于 50000μg/g；对于盐碱土和灰漠土而言，U 的最大浓度为 5000~50000μg/g。此外，在不同 U 浓度下各类土壤固化体中均未观察到与 U 相关的衍射峰，这可能是 U 被固化进入玻璃相所致。XRD 结果表明，不同 U 浓度的土壤可在一定范围内通过微波快速烧结为单一玻璃相。

2. 结构分析

为了检测土壤固化体中铀的存在，图 4-48 显示了 U 浓度为 0μg/g 和 50000μg/g 的不同土壤固化体的红外光谱。可以看出，在 462cm^{-1} 和 789cm^{-1} 附近的吸收峰分别是由 Si—O 键的对称伸缩振动及 O—Si—O 键的对称弯曲振动引起的。在 650cm^{-1} 附近的弱吸

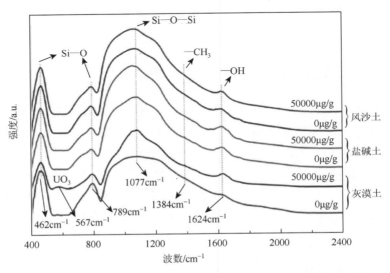

图 4-48　风沙土、盐碱土及灰漠土空白样品固化体及最大 U 浓度固化体的红外光谱

收峰与 Si—O—Al 键相关。在 850～1300cm^{-1} 非对称的宽吸收谱带是由 Si—O—Si 键的反对称伸缩振动引起的,这种振动模式来源于硅氧四面体构型。根据上述吸收峰出现的波段,结合 XRD 结果,初步推测三种土壤固化体均形成了以 Si—O—Al 为骨架的玻璃网络结构;并且当 U 浓度达到 50000μg/g 时, 玻璃网络结构依然稳定存在。此外, 在 1384cm^{-1} 和 1624cm^{-1} 附近存在两处弱吸收峰,这两处弱吸收峰可能是由制样过程中引入的有机溶剂引起的。

U 浓度为 50000μg/g 的灰漠土固化体的红外光谱中可观察到在 567cm^{-1} 附近出现一处微弱吸收峰,并且在其他样品中均不存在。该处弱吸收峰归因于玻璃固化体中 UO_3 的出现, UO_3 是 $UO_2(NO_3)_2 \cdot 6H_2O$ 在烧结过程中的分解产物,这表明灰漠土固化体中存在少量的 U 未进入玻璃网络结构中。

3. 形貌分析

U 浓度为 50000μg/g 的灰漠土、盐碱土和风沙土固化体断面的扫描电镜照片如图 4-49(a)～(c)所示。从图 4-49(a)可以看出,结晶区均匀分布在灰漠土固化体样品中。在图 4-49(b)及(c)中没有观察到结晶区。结果表明,灰漠土的结晶度高于风沙土和盐碱土。此外,由于这些固化体具有很高的均匀性,其断面几乎保持平坦和光滑。

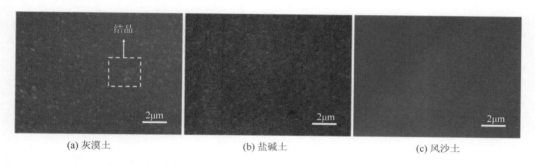

(a) 灰漠土　　　　　　　　　(b) 盐碱土　　　　　　　　　(c) 风沙土

图 4-49　U 浓度为 50000μg/g 时土壤固化体断面的扫描电镜照片

采用 HRTEM 和选区电子衍射(selected area electron diffraction,SAED)进一步研究了 U 浓度为 50000μg/g 的灰漠土样品。根据原子排列,在高分辨率模式下(图 4-50(a)),样品中区分出两个典型区域。图 4-50(a_1)中 A 区的 FFT 结果呈现无序结构,与非晶态区相对应。图 4-50(a_2)中 B 区的 FFT 结果显示原子的规则排列。在图 4-50(b)中,该样品显示出不规则的衍射斑点,表明样品中含有晶体相;当 U 浓度达到 50000μg/g 时, XRD 曲线出现 SiO_2 相衍射峰。

4.6.3　固化体的性能

图 4-51 显示了 42d 内风沙土、盐碱土及灰漠土固化体 U 元素归一化浸出率 NR_U。在开始的 3d 内,三种土壤固化体的 NR_U 最高,为 3.98×10^{-4}～6.98×10^{-4}g/(m^2·d)。从第 3d 到第 14d, NR_U 迅速下降。从第 14d 至第 28d, NR_U 保持一个较为平缓的下降趋势。28d

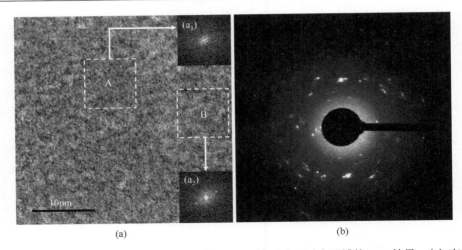

图 4-50　U 浓度为 50000μg/g 时灰漠土固化体的(a)高分辨照片及对应区域的 FFT 结果，(b)对应区域的
衍射图样

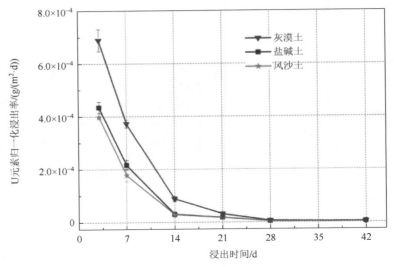

图 4-51　U 浓度为 50000μg/g 时三种土壤固化体在不同天数下 U 元素归一化浸出率

后，三种土壤固化体的 NR_U 逐渐趋于平稳，为 $5.11\times10^{-6}\sim7.14\times10^{-6}g/(m^2\cdot d)$，并在随后时间段维持在 $1.00\times10^{-6}g/(m^2\cdot d)$ 量级。42d 后，三种土壤固化体 NR_U 均低于 $5.09\times10^{-6}g/(m^2\cdot d)$。这种趋势可能是由于土壤固化体颗粒表面生成的凝胶层抑制了 U 的进一步浸出。

　　通过对相同天数下 U 元素归一化浸出率的观察，发现在不同时间段内灰漠土固化体的 NR_U 最大，盐碱土固化体的 NR_U 次之，风沙土固化体的 NR_U 最低。这可能与灰漠土固化体中析出的氧化硅有关。灰漠土固化体在容纳高浓度 U 的过程中部分玻璃网络发生重组，且玻璃相中含有未被固化进入网络结构的 U，上述两点因素进一步提高了 U 元素归一化浸出率。总之，在所有样品中观察到的低浸出率表明微波烧结样品具有可靠的化学稳定性。

通过对 XRD 和红外光谱测试结果的分析，发现 U 在风沙土中的最终浓度高于盐碱土和灰漠土，相应地，U 浓度为 50000μg/g 时灰漠土固化体的析晶度高于盐碱土和风沙土固化体。这可能是由玻璃网络的结构差异引起的。在玻璃化过程中，Al 原子能够替代玻璃相中的 Si 原子，从而使得所形成的铝硅酸盐玻璃网络中 Si 及 Al 的构型为硅氧四面体和铝氧四面体[36]。由于铝氧四面体的体积大于硅氧四面体，Al 含量较高的土壤在非晶化的过程中能够替代更多的 Si 原子进入玻璃网络结构，从而在固化体内形成更大空间的玻璃网络[37]。因此，Al_2O_3 与 SiO_2 物质的量之比 ($nAl_2O_3/nSiO_2$) 高的土壤经玻璃化后具有固定更多 U 的能力。参考 XRF 测试结果，发现灰漠土、盐碱土和风沙土中 Al_2O_3 与 SiO_2 物质的量之比分别为 0.1344、0.1388 和 0.1418，这与 XRD 和红外光谱测试结果一致。

对于不同类型的土壤，U 元素归一化浸出率随烧结基体含量的增加而降低。这可能是因为 Al^{3+} 可以与硅氧四面体的非桥氧结合进入玻璃网络结构中。Al—O 键的能量高于 Si—O 键，这将提高玻璃网络结构的稳定性。这也是 U 浓度相同时风沙土中 U 元素归一化浸出率始终低于灰漠土和盐碱土的原因。该示意图如图 4-52 所示。

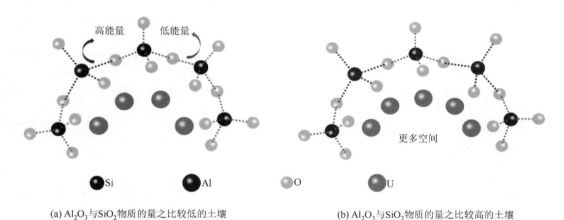

(a) Al_2O_3 与 SiO_2 物质的量之比较低的土壤　　　　　(b) Al_2O_3 与 SiO_2 物质的量之比较高的土壤

图 4-52　不同类型土壤的固化过程示意图

参 考 文 献

[1]　Turner M，Rudin M，Cizdziel J，et al. Excess plutonium in soil near the Nevada Test Site，USA[J]. Environmental Pollution，2003，125(2)：193-203.

[2]　Katz J J，Seaborg G T，Morss L R. The Chemistry of the Actinide Elements[M]. London：Chapman and Hall，1986.

[3]　Lutique S，Staicu D，Konings R J M，et al. Zirconate pyrochlore as a transmutation target：Thermal behaviour and radiation resistance against fission fragment impact[J]. Journal of Nuclear Materials，2003，319：59-64.

[4]　Oghbaei M，Mirzaee O. Microwave versus conventional sintering：A review of fundamentals，advantages and applications[J]. Journal of Alloys and Compounds，2010，494(1)：175-189.

[5]　Neuville D R，Cormier L，Massiot D. Al environment in tectosilicate and peraluminous glasses：A ^{27}Al MQ-MAS NMR，Raman，and XANES investigation[J]. Geochimica et Cosmochimica Acta，2004，68(24)：5071-5079.

[6]　Dulina N A，Yermolayeva Y V，Tolmachev A V，et al. Synthesis and characterization of the crystalline powders on the basis of Lu_2O_3：Eu^{3+} spherical submicron-sized particles[J]. Journal of the European Ceramic Society，2010，30(7)：1717-1724.

[7] Oikonomopoulos I K，Perraki M，Tougiannidis N，et al. A comparative study on structural differences of xylite and matrix lignite lithotypes by means of FT-IR，XRD，SEM and TGA analyses：An example from the Neogene Greek lignite deposits[J]. International Journal of Coal Geology，2013，115：1-12.

[8] Çetinkaya S，Yürüm Y. Oxidative pyrolysis of Turkish lignites in air up to 500℃[J]. Fuel Processing Technology，2000，67(3)：177-189.

[9] Vicente-Rodríguez M A，Suarez M，Bañares-Muñoz M A，et al. Comparative FT-IR study of the removal of octahedral cations and structural modifications during acid treatment of several silicates[J]. Spectrochimica Acta Part A：Molecular and Biomolecular Spectroscopy，1996，52(13)：1685-1694.

[10] Min B Y，Kang Y，Song P S，et al. Study on the vitrification of mixed radioactive waste by plasma arc melting[J]. Journal of Industrial and Engineering Chemistry，2007，13(1)：55-64.

[11] Saling J. Radioactive Waste Management[M]. Boca Raton：CRC Press，2001.

[12] Kim J S，Kwon S K，Sanchez M，et al. Geological storage of high level nuclear waste[J]. KSCE Journal of Civil Engineering，2011，15(4)：721-737.

[13] 陈和生，孙振亚，邵景昌. 八种不同来源二氧化硅的红外光谱特征研究[J]. 硅酸盐通报，2011，30(4)：934-937.

[14] Prabha R D，Santhanalakshmi J，Arunprasath R. Analysis of micellar behavior of as synthesized sodium itaconate monoesters with various hydrophobic chain lengths，in aqueous media[J]. Research Journal of Chemical Sciences，2013，3(12)：43-49.

[15] McDevitt N T，Baun W L. Infrared absorption study of metal oxides in the low frequency region (700-240 cm^{-1})[J]. Spectrochimica Acta，1964，20(5)：799-808.

[16] Rao C S，Ravikumar V，Srikumar T，et al. The role of coordination and valance states of tungsten ions on some physical properties of Li_2O-Al_2O_3-ZrO_2-SiO_2 glass system[J]. Journal of Non-Crystalline Solids，2011，357(16)：3094-3102.

[17] Wang M T，Cheng J S，Li M，et al. Raman spectra of soda-lime-silicate glass doped with rare earth[J]. Physica B：Condensed Matter，2011，406(20)：3865-3869.

[18] Kourouklis G A，Jayaraman A，Espinosa G P. High-pressure Raman study of CeO_2 to 35 GPa and pressure-induced phase transformation from the fluorite structure[J]. Physical Review B，Condensed Matter，1988，37(8)：4250-4253.

[19] Lippmaa E，Samoson A，Mägi M，et al. High resolution ^{29}Si NMR study of the structure and devitrification of lead-silicate glasses[J]. Journal of Non-Crystalline Solids，1982，50(2)：215-218.

[20] Sengupta P. A review on immobilization of phosphate containing high level nuclear wastes within glass matrix—Present status and future challenges[J]. Journal of Hazardous Materials，2012，235：17-28.

[21] Rahier H，van Mele B，Biesemans M，et al. Low-temperature synthesized aluminosilicate glasses[J]. Journal of Materials Science，1996，31(1)：71-79.

[22] Richardson I G，Brough A R，Brydson R，et al. Location of aluminum in substituted calcium silicate hydrate (C-S-H) gels as determined by ^{29}Si and ^{27}Al NMR and EELS[J]. Journal of the American Ceramic Society，1993，76(9)：2285-2288.

[23] Engelhardt G，Michel D. High-Resolution Solid-State NMR of Silicates and Zeolites[M]. New York：John Wiley and Sons，1987.

[24] 赖礼明. Ce 模拟含 Pu 放射性废物铁磷酸盐玻璃固化体结构和化学稳定性研究[D]. 绵阳：西南科技大学，2012.

[25] 毛仙鹤，袁晓宁，秦志桂，等. 铈模拟放射性废物固化体的物理化学性质[J]. 硅酸盐学报，2012，40(1)：131-136.

[26] Martin C，Ribet I，Frugier P，et al. Alteration kinetics of the glass-ceramic zirconolite and role of the alteration film—Comparison with the SON68 glass[J]. Journal of Nuclear Materials，2007，366(1-2)：277-287.

[27] James O B. Shock and thermal metamorphism of basalt by nuclear explosion，Nevada Test Site[J]. Science，1969，166(3913)：1615-1620.

[28] Matzko J R. Geology of the Chinese nuclear test site near Lop Nor，Xinjiang Uygur Autonomous Region，China[J]. Engineering Geology，1994，36(3-4)：173-181.

[29] Wilde A R，Wall V J，Geology of the Nabarlek Uranium Deposit，Northern Territory，Australia[J]. Economic Geology，1987，82(5)：1152-1168.

[30]　Jaireth S，Roach I C，Bastrakov E，et al. Basin-related uranium mineral systems in Australia：A review of critical features[J]. Ore Geology Reviews，2016，76：360-394.

[31]　Srncik M，Tims S G，de Cesare M，et al. First measurements of ^{236}U concentrations and ^{236}U/^{239}Pu isotopic ratios in a Southern Hemisphere soil far from nuclear test or reactor sites[J]. Journal of Environmental Radioactivity，2014，132：108-114.

[32]　Mohammed N K，Mazunga M S. Natural radioactivity in soil and water from Likuyu Village in the neighborhood of Mkuju Uranium Deposit[J]. International Journal of Analytical Chemistry，2013(2)：501856.

[33]　Cooper M B，Burns P A，Tracy B L，et al. Characterization of plutonium contamination at the former nuclear weapons testing range，at Maralinga in South Australia[J]. Journal of Radioanalytical and Nuclear Chemistry，1994，177(1)：161-184.

[34]　Shumway R H. Classical and Bayesian seismic yield estimation：The 1998 Indian and Pakistani tests[J]. Pure and Applied Geophysics，2001，158(11)：2275-2290.

[35]　Simon S L，Bouville A. Radiation doses to local populations near nuclear weapons test sites worldwide[J]. Health Physics，2002，82(5)：706-725.

[36]　Xiang Y，Du J C，Smedskjaer M M，et al. Structure and properties of sodium aluminosilicate glasses from molecular dynamics simulations[J]. The Journal of Chemical Physics，2013，139(4)：044507.

[37]　Ohsato H，Kagomiya I，Terada M，et al. Origin of improvement of Q based on high symmetry accompanying Si-Al disordering in cordierite millimeter-wave ceramics[J]. Journal of the European Ceramic Society，2010，30(2)：315-318.

第5章　模拟铀尾矿库污染土壤的微波处理

铀尾矿库是铀污染土壤的重要来源之一,据估计,截至2018年,全球需要处理与处置的铀尾矿累计已达数十亿吨[1]。因此,预先研制有效方法以处理铀尾矿库中高浓度铀污染土壤是必要的。以前的研究中,化学提取法、化学固定法、植物修复法以及微生物修复法均在铀污染土壤修复工作中得到了应用并取得不错的成效。然而,部分铀尾矿库区没有与人类生活区隔离开来,因此铀尾矿中残留的铀在雨水、地下水及地表径流的冲刷下可能会转移到其周边土壤中,再经植物吸收进入生物圈,最终对人类及其他生物造成不同程度的伤害。

5.1　固化体制备

根据调研世界范围内典型的铀尾矿库区及其周边土壤类型,最终选取盐碱土、紫色土、红壤和黄壤四种典型的土壤作为研究对象。其主要组分及其质量分数如表5-1所示。

表 5-1　土壤主要组分及其质量分数

种类	质量分数/%						
	Al_2O_3	SiO_2	CaO	Fe_2O_3	MgO	K_2O	Na_2O
盐碱土	14.05	60.81	10.36	4.94	2.98	2.38	1.77
紫色土	18.70	64.21	2.16	7.04	2.15	3.30	1.08
红壤	21.39	67.87	0	6.68	0.67	1.60	0.11
黄壤	33.10	54.50	0.05	7.35	0.46	3.19	0.09

5.1.1　配方设计

以铀为污染元素,将六水合硝酸铀酰($^{238}UO_2(NO_3)_2 \cdot 6H_2O$)作为模拟铀污染物加入预处理后的土壤中。选取U浓度(质量分数)分别为0%、0.001%、0.01%、0.1%、1%和10%作为污染浓度梯度。为保证浓度的准确性,当U浓度在0.1%及以下时,加入浓度为1mol/L的硝酸铀酰溶液;当U浓度为1%及以上时,加入硝酸铀酰固体。将硝酸铀酰按表5-2列出的比例加入预处理后的土壤中,混合均匀得到铀污染土壤。

表 5-2　铀污染土壤样品原料添加量(总质量为3.000g)

U 浓度/%	1mol/L 硝酸铀酰体积/mL	硝酸铀酰质量/g	土壤质量/g
0	0	0	3.0000
0.001	0.04966	—	3.0000

续表

U 浓度/%	1mol/L 硝酸铀酰体积/mL	硝酸铀酰质量/g	土壤质量/g
0.01	0.49664	—	2.9997
0.1	4.96639	—	2.9950
1	—	0.0497	2.9503
10	—	0.4966	2.5034

5.1.2　固化体烧结

　　将混合后的铀污染土壤以图 5-1 中的参数在微波烧结炉中进行烧结，保温 30min 后自然冷却至室温。盐碱土的微波烧结玻璃化温度为 1300℃，紫色土和红壤的微波烧结玻璃化温度为 1400℃，黄壤在微波烧结炉最高烧结温度 1500℃下未达玻璃化，但是呈现玻璃陶瓷相。

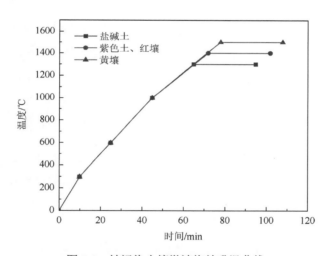

图 5-1　铀污染土壤微波烧结升温曲线

5.2　固化体特性

5.2.1　物相分析

　　图 5-2 为土壤空白样在不同温度下微波烧结 30min 所得烧结体的 XRD 曲线。从图中可以看出，盐碱土在 1300℃呈完全非晶化，紫色土和红壤在 1400℃呈完全非晶化，而黄壤在 1500℃仍有 SiO_2、Al_2O_3 和 $Al_6Si_2O_{13}$（莫来石）相生成。因此盐碱土的烧结温度确定为 1300℃，紫色土和红壤的烧结温度确定为 1400℃，黄壤的烧结温度确定为 1500℃。

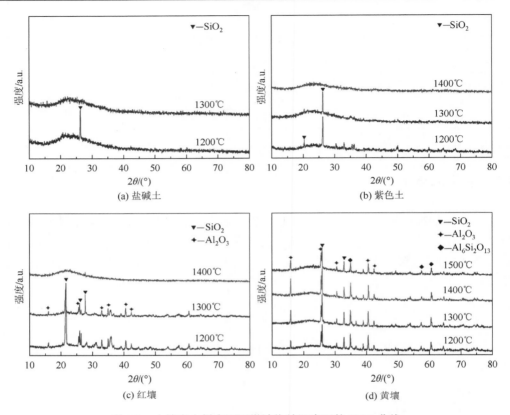

图 5-2 土壤空白样在不同微波烧结温度下的 XRD 曲线

图 5-3 为土壤样品在各自烧结温度下微波烧结前后的形貌变化。可以看出盐碱土、紫色土和红壤烧结后均呈光泽的玻璃形态，而黄壤经过高温烧结后呈玻璃陶瓷形态，表明样品形貌与物相测试结果一致。

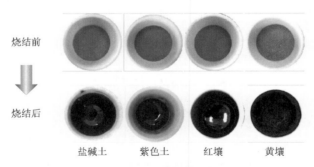

图 5-3 烧结前后土壤样品形貌

图 5-4 为铀污染土壤微波烧结后的 XRD 曲线：当 U 浓度为 0%～1%时样品保持非晶相，且没有铀相关的衍射峰出现；当 U 浓度为 10%时，在四种土壤样品中均检测到 UO_2 的衍射峰，在紫色土和红壤样品中还出现 U_3O_8 的衍射峰。铀在烧结后的土壤中呈现不同

的形式，这是由于铀会随温度的改变在 UO_2 和 U_3O_8 间产生一定的相互转换，从而使铀的价态发生变化[2]。

　　总体上看，本实验中铀在不同土壤中的固溶度均为 1%～10%。考虑实际情况下铀在污染土壤中的浓度远低于 1%量级，微波烧结法处理铀尾矿库区高浓度铀污染土壤是可行的。

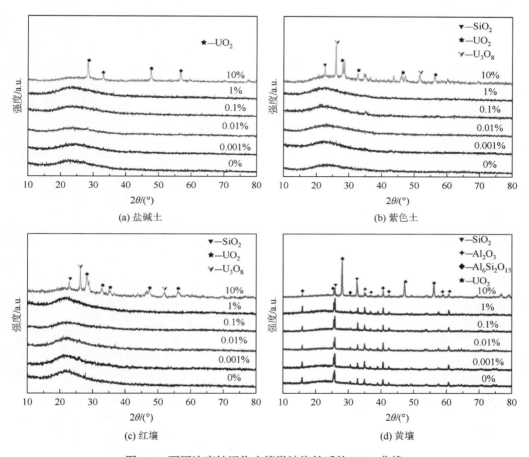

图 5-4　不同浓度铀污染土壤微波烧结后的 XRD 曲线

5.2.2　结构分析

　　借助红外光谱对微波烧结后铀污染土壤固化体的微观结构进行分析，如图 5-5 所示。从图中可以看出，微波烧结后铀污染土壤固化体的红外吸收峰主要集中于 400～1400cm^{-1}。其中，在 467cm^{-1} 和 798cm^{-1} 附近的红外吸收峰是由 Si—O 键的对称伸缩振动引起的[3,4]；在 850～1300cm^{-1} 的较宽的红外吸收峰是由 Si—O—Si 键的伸缩振动引起的[4]，同时也证明了玻璃网络结构的存在。在 1380cm^{-1} 附近出现了由—CH_3 的弯曲振动引起的红外吸收峰，在 1630cm^{-1} 附近出现了由—OH 的伸缩和弯曲振动引起的红外吸收峰[5,6]，这是由于在制备红外光谱测试样品时使用乙醇引起的。由于 UO_2 属于对称结构而具有非红外活性[7]，在所有铀污染土壤样品中均未检测到 UO_2 相关的红外吸收峰，但 U 浓度为 10%的紫色土和红壤样品在 572cm^{-1} 附近检测到 U_3O_8 的红外吸收峰[8]；黄壤样品在 559cm^{-1} 附近检测到 Al_2O_3 的红外吸收峰[9]。土壤样品中有关基团红外吸收峰及其峰位置见表 5-3。

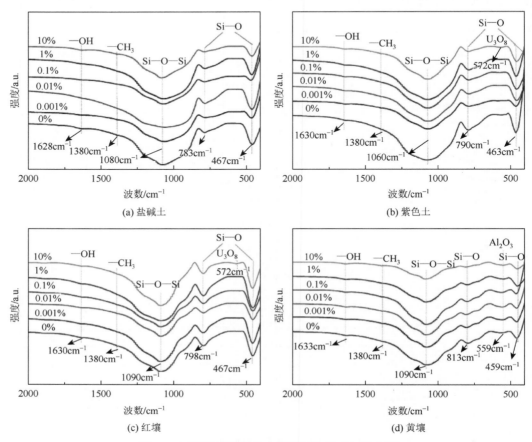

图 5-5　不同浓度铀污染土壤微波烧结后红外光谱

表 5-3　土壤样品中有关基团红外吸收峰及其峰位置

特征基团	特征峰位置			
	盐碱土	紫色土	红壤	黄壤
Si—O[3, 4]	467cm^{-1}，783cm^{-1}	463cm^{-1}，790cm^{-1}	467cm^{-1}，798cm^{-1}	459cm^{-1}，813cm^{-1}
Si—O—Si[4]	1080cm^{-1}	1060cm^{-1}	1090cm^{-1}	1090cm^{-1}
—CH$_3$[5, 6]	1380cm^{-1}	1380cm^{-1}	1380cm^{-1}	1380cm^{-1}
—OH[5, 6]	1628cm^{-1}	1630cm^{-1}	1630cm^{-1}	1633cm^{-1}
U_3O_8[8]	—	572cm^{-1}	572cm^{-1}	—
Al_2O_3[9]	—	—	—	559cm^{-1}

5.2.3 形貌分析

图 5-6 为 U 浓度为 1%的四种土壤固化体微观形貌及铀元素分布图。从图中可以清晰地看到，盐碱土和红壤固化体呈光滑的形貌，紫色土固化体断面呈不规则的形貌但没有出现明显的晶体结构，这表明盐碱土、紫色土和红壤均为玻璃形态；而黄壤固化体断面则同时观察到规则的晶体和熔化的部分，表明存在玻璃陶瓷相。这也与 XRD 曲线和红外光谱保持一致。此外，从 EDS 中可以看到铀在样品中均匀分布，没有出现富集现象，表明微波烧结后固化体的均一性良好。

(a) 盐碱土   (b) 紫色土

(c) 红壤   (d) 黄壤

图 5-6 U 浓度为 1%的土壤固化体的微观形貌和铀元素分布图

5.3 固化体化学稳定性

固化体在地质处置中会受到环境中水、热、酸碱度(pH)等影响，使固化体中的放射性元素被释放，重新进入生物圈，进而对人类及其他生物构成潜在威胁。因此有必要对固化体的化学稳定性进行系统性的综合评价。本次浸出实验采用 PCT 法，在温度分别为 40℃和 90℃，pH 分别为 4.0、6.7 和 10.0 的环境中对铀污染土壤固化体的粉末进行浸泡，并借助微量铀分析仪（WGJ-III 型）分别在 3d、7d、14d、21d、28d、35d 和 42d 对浸出液中的 U 浓度进行测量。

5.3.1　土壤种类的影响

图 5-7 为 U 浓度为 1%的盐碱土、紫色土、红壤和黄壤样品在 42d 浸出实验过程中 U 元素归一化浸出率（NR$_U$）及其累计浸出率（CFL$_U$）的计算结果。结果显示：浸泡的前 7d，U 元素归一化浸出率迅速降低，在 28d 之后 U 元素归一化浸出率趋于平缓。U 浓度为 1%的盐碱土微波烧结固化体在 90℃、pH = 10.0 的条件下 U 元素归一化浸出率最高，42d 时其累计浸出率最高，为 0.0165。U 浓度为 1%的紫色土微波烧结固化体在 90℃、pH = 4.0 的条件下 U 元素归一化浸出率最高，42d 时其累计浸出率最高，为 0.0112。U 浓度为 1%的红壤微波烧结固化体在 90℃、pH = 4.0 的条件下 U 元素归一化浸出率最高，42d 时其累计浸出率最高，为 0.0109。U 浓度为 1%的黄壤微波烧结固化体在 90℃、pH = 10.0 的条件下 U 元素归一化浸出率最高，42d 时其累计浸出率最高，为 0.0080。图 5-8 为土壤固化体在浸出过程中铀元素浸出的示意图。

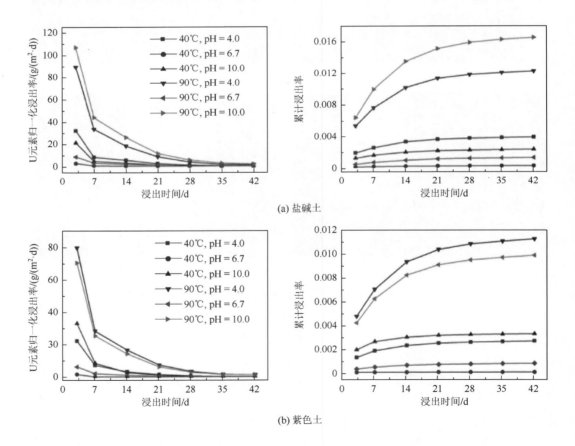

(a) 盐碱土

(b) 紫色土

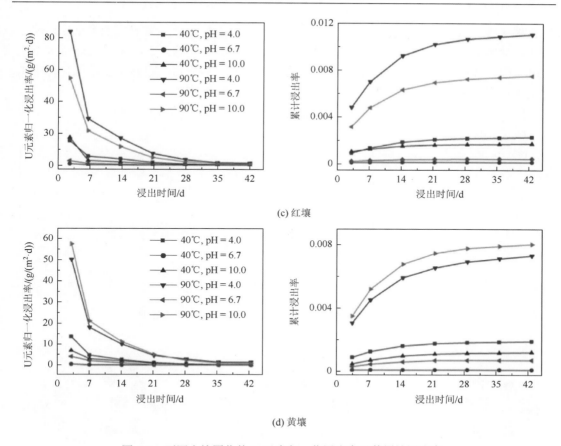

(c) 红壤

(d) 黄壤

图 5-7　不同土壤固化体 U 元素归一化浸出率及其累计浸出率

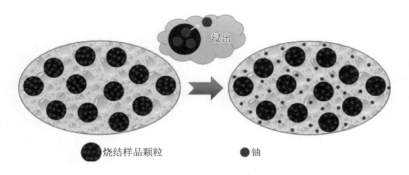

图 5-8　铀元素浸出过程示意图

5.3.2　温度的影响

图 5-9 为温度对土壤固化体中 42d U 元素累计浸出率的影响。结果显示：当浸出剂 pH = 4.0 时，温度从 40℃上升到 90℃对黄壤固化体中 U 元素累计浸出率影响明显小于其

他三种土壤。当浸出剂 pH = 6.7 时，温度对土壤固化体中 U 元素累计浸出率的影响大小依次是盐碱土、紫色土、黄壤、红壤。当浸出剂 pH = 10.0 时，温度从 40℃上升到 90℃对盐碱土固化体中 U 元素累计浸出率影响明显大于其他三种土壤。总体上土壤固化体中 U 元素累计浸出率与浸出温度成正比。

图 5-10 为温度对土壤固化体中 42d U 元素累计浸出率的影响示意图。

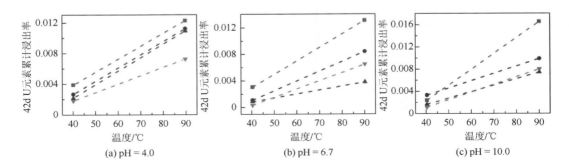

(a) pH = 4.0　　　　　　(b) pH = 6.7　　　　　　(c) pH = 10.0

图 5-9　温度对土壤固化体 42d U 元素累计浸出率的影响
- ■- 盐碱土 - ●- 紫色土 - ▲- 红壤 - ▼- 黄壤

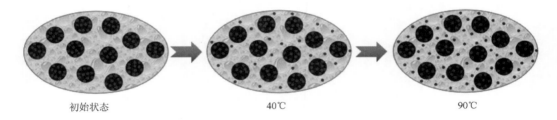

初始状态　　　　　　　　40℃　　　　　　　　90℃

图 5-10　温度对土壤固化体 42d U 元素累计浸出率的影响示意图

5.3.3　酸碱度的影响

图 5-11 为相同温度下浸出剂 pH 对 42d U 元素累计浸出率的对比结果。结果显示：当浸出温度为 40℃时，酸性浸出剂(pH = 4.0)中 U 元素累计浸出率由低到高依次为黄壤、红壤、紫色土、盐碱土；碱性浸出剂(pH = 10.0)中 U 元素累计浸出率由低到高依次为黄壤、红壤、盐碱土、紫色土；在中性浸出剂(pH = 6.7)中各类土壤固化体 U 元素累计浸出率差距不明显。当浸出温度为 90℃时，酸性浸出剂(pH = 4.0)中 U 元素累计浸出率由低到高依次为黄壤、红壤、紫色土、盐碱土；碱性浸出剂(pH = 10.0)中 U 元素累计浸出率由低到高依次为红壤、黄壤、紫色土、盐碱土；在中性浸出剂(pH = 6.7)中各类土壤固化体 U 元素累计浸出率差别也不明显。综合以上信息可以总结出，黄壤固化体中 U 元素累计浸出率最低，表明黄壤固化体具有最好的化学稳定性，而盐碱土固化体的化学稳定性最差。图 5-12 展示了浸出剂 pH 对 U 元素累计浸出率的影响。

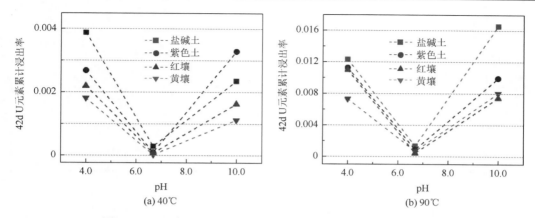

图 5-11　浸出剂 pH 对土壤固化体 42d U 元素累计浸出率的影响

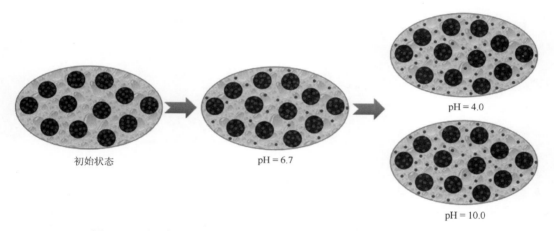

图 5-12　浸出剂 pH 对土壤固化体 42d U 元素累计浸出率影响的示意图

酸性和碱性条件下固化体中 U 元素累计浸出率升高主要是浸出剂中高浓度的 H^+ 和 OH^- 与固化体的铝硅酸盐玻璃结构发生化学腐蚀导致的[9-11]。在 pH = 4 的浸出剂中，高浓度的 H^+ 加快了离子交换速率，破坏玻璃固化体中的硅基结构，释放原本被固化的铀，导致 U 元素累计浸出率升高，其化学反应如式(5-1)所示。在 pH = 10 的浸出剂中，高浓度的 OH^- 同样能够破坏硅基结构，导致 U 元素累计浸出率升高，其化学反应如式(5-2)、式(5-3)所示。在中性浸出剂中，由于 H^+ 和 OH^- 都处于相对最低的水平，U 元素累计浸出率最低。

$$Si\text{-}O\text{-}Na^+ + H_3O^+ \longrightarrow Si\text{-}OH + Na^+ + H_2O \tag{5-1}$$

$$Si\text{-}O\text{-}Na^+ + H_2O \longrightarrow Si\text{-}OH + Na^+ + OH^- \tag{5-2}$$

$$\underset{\underset{OH}{|}}{\overset{\overset{OH}{|}}{Si}}\text{-}O\text{-}Si\text{-}OH + OH^- \longrightarrow Si\text{-}O\text{-}\underset{\underset{OHOH}{|}}{\overset{\overset{OH}{|}}{Si}}\text{-}OH^- \longrightarrow Si\text{-}O^- + Si(OH)_4 \tag{5-3}$$

利用软件 Visual MINEQL 3.0 对不同浸出剂体系中铀的种态分布进行拟合，结果如图 5-13 所示[12]。在酸性浸出液中，铀主要以 UO_2^{2+} 和少量 UO_2OH^+ 的形式存在；在中性浸出液中，铀主要以 UO_2OH^+ 和少量 UO_2^{2+} 的形式存在；在碱性浸出液中，铀主要以 $UO_2(CO_3)_3^{4-}$ 的形式存在。

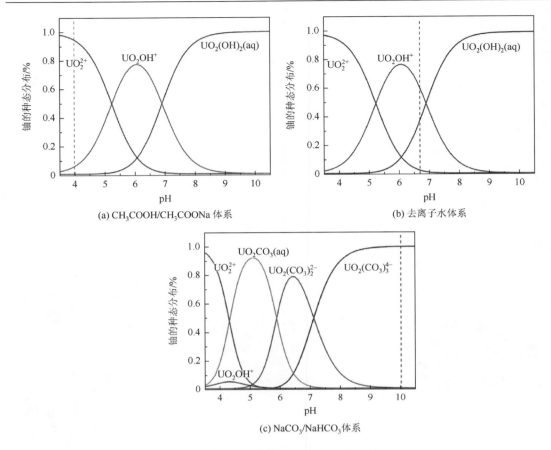

图 5-13　铀在不同浸出剂中的种态分布

5.3.4　土壤铝硅比的影响

　　为探究土壤组分与土壤固化体中 U 元素累计浸出率的关系，选取土壤组分中含量最多的两种组分（Al_2O_3 与 SiO_2）进行研究。表 5-4 中列出了各土壤组分中 Al_2O_3 与 SiO_2 物质的量之比，并在图 5-14 中给出了土壤组分中 Al_2O_3 与 SiO_2 物质的量之比与 42d U 元素累计浸出率的关系。从图中可以看出，在各温度、pH 条件下，U 元素累计浸出率与 Al_2O_3 与 SiO_2 物质的量之比呈负相关。这表明在所研究范畴内，随着土壤中 Al_2O_3 含量的增加，微波烧结土壤固化体中 U 元素累计浸出率逐渐降低，即固化体化学稳定性增加。

表 5-4　各土壤组分中 Al_2O_3 与 SiO_2 物质的量之比

土壤类别	Al_2O_3 与 SiO_2 物质的量之比
盐碱土	0.1359
紫色土	0.1713
红壤	0.1854
黄壤	0.3573

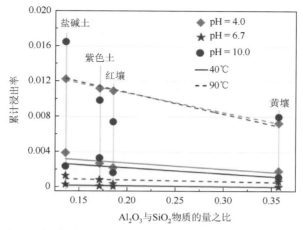

图 5-14　Al_2O_3 与 SiO_2 物质的量之比对土壤固化体中 42d U 元素累计浸出率的影响

结合所研究的影响因素(温度、pH、土壤组分),对其进行综合性比较,结果如图 5-15 所示,可以看出 42d U 元素累计浸出率与温度成正比,与 Al_2O_3 与 SiO_2 物质的量之比成反比,在酸性或碱性条件下其浸出率明显高于中性条件。结合之前的物相分析、微观结构和微观形貌分析结果,玻璃陶瓷相的黄壤固化体拥有最好的化学稳定性。

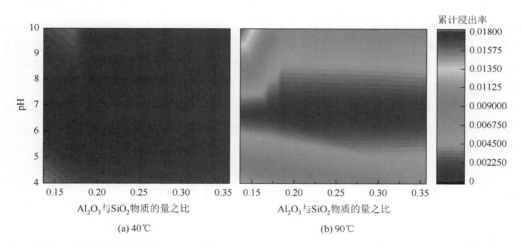

图 5-15　42d U 元素累计浸出率与温度、pH、土壤 Al_2O_3 与 SiO_2 物质的量之比的总关系

5.4　固化体物理性能

放射性废物固化体在长期地质处置过程中,外部环境的变化或冲击会对固化体产生一定的影响,如压力、温度等影响因素会使固化体产生形变甚至破碎等,从而增加其比表面积,增大与其他介质的交换反应速率。因此有必要对固化体的物理性质进行研究及评价。

5.4.1　密度

通常密度与材料的致密性和机械强度相关，而铀污染土壤固化体的密度主要受土壤类型和 U 浓度的影响。利用阿基米德排水法，采用密度仪（MDJ-200S）对四种铀污染土壤的微波烧结固化体进行密度测试。

计算公式如下：

$$\rho = \frac{m_0}{m_1 - m_2} \times \rho_1 \tag{5-4}$$

式中，ρ 为土壤固化体密度（g/cm³）；ρ_1 为室温下水的密度，取 1g/cm³；m_0 为干燥样品在空气中的质量（g）；m_1 为水饱和样品在空气中的质量（g）；m_2 为水饱和样品在水中的质量（g）。

表 5-5 为不同 U 浓度的盐碱土、紫色土、红壤、黄壤在微波烧结后所得固化体的密度测试结果。图 5-16 为所得固化体的密度变化曲线。结果表明：在未添加 U 的空白组样品中，土壤固化体密度从小到大依次为：紫色土、盐碱土、红壤、黄壤。随着 U 浓度增加，土壤固化体的密度逐渐增大。在 U 浓度为 1% 的样品中，紫色土固化体样品的密度大于盐碱土固化体样品的密度。在固溶范围（0%～1%），盐碱土固化体的密度从 2.36g/cm³ 上升到 2.48g/cm³；紫色土固化体的密度从 2.30g/cm³ 上升到 2.50g/cm³；红壤固化体的密度从 2.41g/cm³ 上升到 2.56g/cm³；黄壤固化体的密度从 2.43g/cm³ 上升到 2.62g/cm³。结合固化机理的推测，铀原子被包裹在玻璃结构中，占据了玻璃结构中的间隙位置，使得玻璃固化体在相等的体积时拥有更为致密的结构，因而土壤固化体的密度随 U 浓度的增加而增大。另外，铀降低了土壤的最低共熔温度，在相同的烧结条件下，促进了离子扩散和颗粒重排等过程，从而使得固化体更为致密、密度更高。

表 5-5　铀污染土壤固化体密度测试结果

U 浓度/%	固化体密度/(g/cm³)			
	盐碱土	紫色土	红壤	黄壤
0	2.36	2.30	2.41	2.43
0.001	2.37	2.31	2.42	2.44
0.01	2.38	2.32	2.44	2.46
0.1	2.42	2.39	2.48	2.50
1	2.48	2.50	2.56	2.62
10	2.58	2.66	2.71	2.76

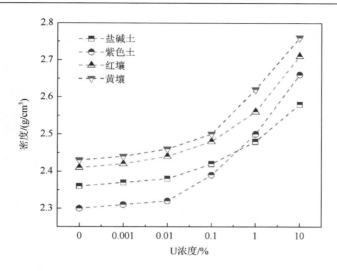

图 5-16 不同浓度铀污染土壤微波烧结固化体的密度变化曲线

5.4.2 硬度

硬度表示固体物质在外界物体入侵时材料局部抵抗入侵物体压入表面的能力。核废物固化体在长期的地质处置过程中，由于外部压力和其自身重力等作用，可能会产生形变甚至碎裂。采用维氏硬度试验方法，利用维氏硬度仪(TMVS-1S)对铀污染土壤固化体进行硬度测试。

计算公式如下：

$$HV = \frac{2P\sin\dfrac{\theta}{2}}{S^2} = 1.8544\frac{P}{S^2} \qquad (5-5)$$

式中，P 为载荷（N）；S 为压痕对角线长度（mm）；θ 为四棱锥压头两向对面夹角，$\theta = 136°$。

表 5-6 为不同 U 浓度的盐碱土、紫色土、红壤、黄壤在微波烧结后所得固化体的硬度测试结果。图 5-17 为所得固化体的硬度变化曲线。从结果可以看出：当铀元素污染 U 浓度在 0.01%及以下时，土壤固化体维氏硬度只有轻微上升，增量低于 0.05GPa；当 U 浓度由 0.01%上升到 1%，土壤固化体维氏硬度迅速增加，增量达 0.12～0.23GPa；当 U 浓度由 1%增加到 10%时，土壤固化体维氏硬度大幅度降低，甚至低于纯土壤空白样品，这可能是由于 U 浓度超过土壤固化体固溶极限，固化体呈多晶混合相，破坏了其原有的致密性而导致的。图 5-18 为维氏硬度测试过程中的压痕。

表 5-6 铀污染土壤固化体维氏硬度测试结果

U 浓度/%	固化体维氏硬度/GPa			
	盐碱土	紫色土	红壤	黄壤
0	6.48	6.52	6.73	7.21
0.001	6.49	6.54	6.73	7.22

U浓度/%	固化体维氏硬度/GPa			
	盐碱土	紫色土	红壤	黄壤
0.01	6.53	6.57	6.74	7.24
0.1	6.62	6.66	6.85	7.30
1	6.75	6.80	6.92	7.36
10	6.50	6.73	6.79	7.10

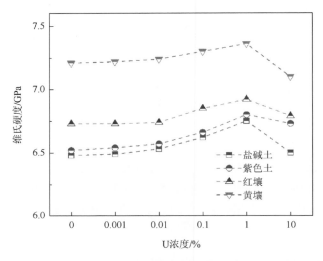

图 5-17　不同浓度铀污染土壤微波烧结固化体的维氏硬度变化曲线

图 5-18　维氏硬度测试压痕

表 5-7 列出了部分已公开核废物固化体的密度和硬度数据，对比发现，微波烧结的铀

污染土壤固化体密度较低，且其硬度较高，总体符合核废物固化体处理处置的相关物理性
能要求。

表 5-7　已公开核废物固化体的密度和硬度数据

废物固化体编号	密度/(g/cm³)	硬度/GPa
VG 98/12 + Mo[13]	2.58	6.39
GP 98/12 cryst.[13]	2.81	5.83
GP 98/26 cryst.[13]	2.80	5.81
SM 58 LW 11[13]	2.61	7.09
Borosilicate[14]	2.60	7.20
DWPF S00194[15]	—	5.89
DWPF S00412[15]	—	5.93
MW-HLW[16]	2.68	6.60
G1-B[16]	2.61	6.70
G2-B[16]	3.39	6.00
G3-B[16]	2.52	6.40
CH[17]	2.52	6.50
FT，10% clay[17]	2.53	7.20

参 考 文 献

[1]　Zoriy P，Schläger M，Murtazaev K，et al. Monitoring of uranium concentrations in water samples collected near potentially hazardous objects in North-West Tajikistan[J]. Journal of Environmental Radioactivity，2018，181：109-117.

[2]　Yeon S K. A thermodynamic evaluation of the U-O system from UO_2 to U_3O_8[J]. Journal of Nuclear Materials，2000，279(2-3)：173-180.

[3]　MacDonald S A，Schardt C R，Masiello D J，et al. Dispersion analysis of FTIR reflection measurements in silicate glasses[J]. Journal of Non-Crystalline Solids，2000，275(1-2)：72-82.

[4]　Vidal L，Joussein E，Colas M，et al. Controlling the reactivity of silicate solutions：a FTIR，Raman and NMR study[J]. Colloids and Surfaces A：Physicochemical and Engineering Aspects，2016，503：101-109.

[5]　Dulina N A，Yermolayeva Y V，Tolmachev A V，et al. Synthesis and characterization of the crystalline powders on the basis of Lu^2O^3：Eu^{3+}spherical submicron-sized particles[J]. Journal of the European Ceramic Society，2010，30(7)：1717-1724.

[6]　Liu G S，Zhang X，Zhang T X，et al. Determination of the content of eucommia ulmoides gum by variable temperature Fourier transform infrared spectrum[J]. Polymer Testing，2017，63：582-586.

[7]　Stefanovsky S V，Stefanovsky O I，Kadyko M I. FTIR and Raman spectroscopic study of sodium aluminophosphate and sodium aluminum-iron phosphate glasses containing uranium oxides[J]. Journal of Non-Crystalline Solids，2016，443：192-198.

[8]　Adamczyk A，Długoń E. The FTIR studies of gels and thin films of Al_2O_3-TiO_2 and Al_2O_3-TiO_2-SiO_2 systems[J]. Spectrochimica Acta Part A：Molecular and Biomolecular Spectroscopy，2012，89：11-17.

[9]　Frankel G S，Vienna J D，Lian J，et al. A comparative review of the aqueous corrosion of glasses，crystalline ceramics，and metals[J]. NPJ Materials Degradation，2018，2(1)：15.

[10]　Cailleteau C，Weigel C，Ledieu A，et al. On the effect of glass composition in the dissolution of glasses by water[J]. Journal of

Non-Crystalline Solids，2008，354(2-9)：117-123.

[11] Bunker B C. Molecular mechanisms for corrosion of silica and silicate glasses[J]. Journal of Non-Crystalline Solids，1994，179：300-308.

[12] Cheng Y X，He P，Dong F Q，et al. Polyamine and amidoxime groups modified bifunctional polyacrylonitrile-based ion exchange fibers for highly efficient extraction of U (VI) from real uranium mine water[J]. Chemical Engineering Journal，2019，367：198-207.

[13] Weber W J，Matzke H，Routbort J L. Indentation testing of nuclear-waste glasses[J]. Journal of Materials Science，1984，19(8) 2533-2545.

[14] Donald I W，Metcalfe B L，Taylor R N J. The immobilization of high level radioactive wastes using ceramics and glasses[J]. Journal of Materials Science，1997，32(22)：5851-5887.

[15] O'Holleran T P，DiSanto T，Johnson S G，et al. Comparison of mechanical properties of glass-bonded sodalite and borosilicate glass high-level waste forms[R]. Chicago：Argonne National Laboratory，2000.

[16] Connelly A J，Hand R J，Bingham P A，et al. Mechanical properties of nuclear waste glasses[J]. Journal of Nuclear Materials，2011，408(2)：188-193.

[17] Bernardo E. Fast sinter-crystallization of a glass from waste materials[J]. Journal of Non-Crystalline Solids，2008，354(29)：3486-3490.

第6章 模拟核应急环境下含锶污染土壤的微波处理

核应急事故产生的放射性元素 Sr 经过沉降后对土壤造成严重的污染,从而影响环境安全和人类生命健康[1,2]。因此需要有效控制放射性元素,以防止扩散到周围环境和地下水。传统的土壤修复技术成本较高,耗时长,效率低,且易对环境造成二次污染。本章将采用微波烧结的方法处理模拟锶污染土壤。

6.1 固化体制备

选择潮土、棕壤、紫色土和黑土作为研究对象,以提高其在大多数地区应急事故中的适用性。在土壤中加入不同浓度的 $SrSO_4$ 以模拟不同程度的锶污染土壤,初步探讨 $SrSO_4$ 的极限固溶度和 Sr 在土壤烧结基体中的存在形式。

实验所用的潮土和棕壤采集自山东省,紫色土采集自重庆市,黑土采集自内蒙古自治区。所有土壤经 600℃下预处理 6h 去除水分及有机质后研磨并过 200 目筛,制得土壤粉体。土壤粉体的 XRF 测试结果如表 6-1 所示。

表 6-1 四种土壤的元素组成

种类	质量分数/%							
	SiO_2	Al_2O_3	Fe_2O_3	K_2O	CaO	MgO	P_2O_5	TiO_2
潮土	71.15	16.21	4.25	2.33	1.98	1.61	0.16	0.68
紫色土	69.24	18.01	6.02	2.30	1.52	0.16	0.69	0.88
棕壤	67.71	17.65	5.32	2.67	2.27	2.01	0.21	0.71
黑土	65.58	19.17	7.04	3.26	2.54	0.50	0.37	0.83

6.1.1 配方设计

根据表 6-2 设计四种污染土壤配方,实验所用 $SrSO_4$ 为 AR 级,产于上海阿拉丁生化科技股份有限公司。

表 6-2 四种土壤中 $SrSO_4$ 掺杂量的初始设计

土壤质量/g	$SrSO_4$ 质量/g	$SrSO_4$ 质量分数/%
3.000	0	0
2.850	0.150	5

土壤质量/g	SrSO₄ 质量/g	SrSO₄ 质量分数/%
2.700	0.300	10
2.550	0.450	15
2.400	0.600	20
2.250	0.750	25

6.1.2　固化体烧结

根据表 6-2 分别称取四种土壤和 $SrSO_4$（AR 级），放入玛瑙研钵中加入无水乙醇（AR 级）研磨使其充分混合，每个样品的质量为 3.000g。将研磨好的样品放入微波烧结炉中在 1400℃下烧结 30min。通过加热程序控制温度，当温度低于 1200℃时，将加热速度设定为 30℃/min；当温度达到 1400℃时，加热速度降至 10℃/min。烧结样品在 1400℃保温 30min 后，自然冷却至室温，整个烧结过程在空气气氛中进行。

6.2　固化体特性

6.2.1　物相分析

图 6-1 为纯预处理土壤的 XRD 曲线，可以看出潮土、棕壤、紫色土和黑土样品主要由石英和长石相组成。这表明土壤经烧结后可能转变为铝硅酸盐玻璃。

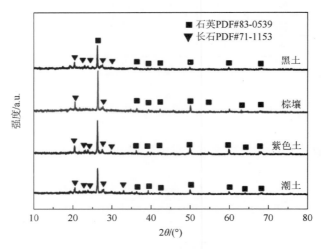

图 6-1　四种土壤烧结前的 XRD 曲线

图 6-2 为不同土壤固化体的 XRD 曲线。结果表明，在微波烧结条件下，每种类型的土壤几乎完全玻璃化。对于潮土和紫色土，当 $SrSO_4$ 掺杂量低于 20%时，没有观察到明显的晶体衍射峰；当 $SrSO_4$ 掺杂量达到 25%时，长石在 $2\theta = 27.4°$处出现较弱的衍射峰。这表明随着 $SrSO_4$ 掺杂量的增加，固化体中出现晶相。对于棕壤和黑土，即使 $SrSO_4$ 掺杂量达到 25%，土壤样品也只表现为玻璃相。此外，没有观察到与 Sr^{2+} 相关的衍射峰，这意味着 Sr^{2+} 进入玻璃相中。XRD 结果表明微波烧结可以有效地将模拟 Sr 污染土壤玻璃化。

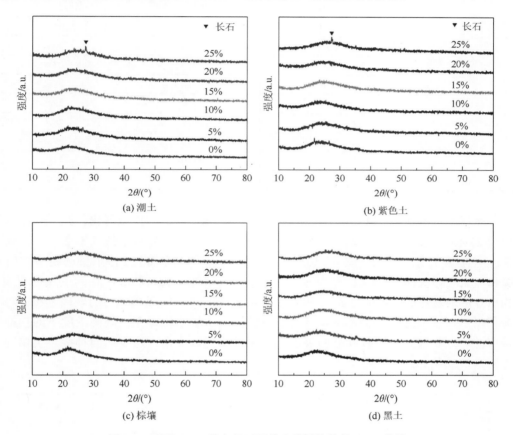

图 6-2　不同 $SrSO_4$ 掺杂量下四种土壤固化体的 XRD 曲线

为了进一步确定四种土壤中 $SrSO_4$ 的固溶度，研究不同 $SrSO_4$ 掺杂量的土壤固化体的结晶度。根据图 6-2 中的 XRD 结果，在相同的烧结条件下，在潮土和紫色土中掺杂 21%~24%的 $SrSO_4$，在棕壤和黑土中掺杂 26%~29%的 $SrSO_4$，进一步探讨 $SrSO_4$ 的固溶度。表 6-3 列出了每个样品的组分。

表 6-3　四种土壤不同 $SrSO_4$ 掺杂量的补充设计

种类	土壤质量/g	$SrSO_4$ 质量/g	$SrSO_4$ 质量分数/%
潮土	2.370	0.630	21
	2.340	0.660	22

种类	土壤质量/g	SrSO₄质量/g	SrSO₄质量分数/%
潮土	2.310	0.690	23
	2.280	0.720	24
紫色土	2.370	0.630	21
	2.340	0.660	22
	2.310	0.690	23
	2.280	0.720	24
棕壤	2.220	0.780	26
	2.190	0.810	27
	2.160	0.840	28
	2.130	0.870	29
黑土	2.220	0.780	26
	2.190	0.810	27
	2.160	0.840	28
	2.130	0.870	29

上述样品的 XRD 结果如图 6-3 所示。从图 6-3（a）和（b）中可以看出，当 SrSO₄ 掺杂量超过 23%时，长石和石英晶体的相关衍射峰出现，当 SrSO₄ 掺杂量低于 23%时，潮土和紫色土样品完全玻璃化。图 6-3（c）和（d）的结果表明，当 SrSO₄ 掺杂量达到 27%时，棕壤和黑土可以完全玻璃化；随着 SrSO₄ 掺杂量的增加，长石和石英相的生成量增加。当 SrSO₄ 掺杂量达到 23%时，潮土和紫色土可通过微波烧结形成均匀的玻璃基质；对于棕壤和黑土，该值为 27%。图 6-4 显示了四种掺杂土壤固化体在极限固溶度下的扫描电镜照片，可以观察到，所有样品的表面几乎保持平坦和光滑，这表明四种掺杂土壤固化体主要是玻璃相。

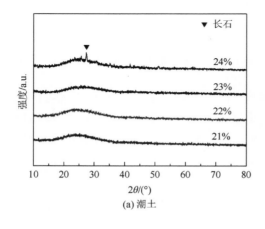

(a) 潮土

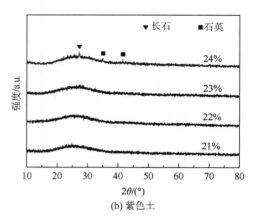

(b) 紫色土

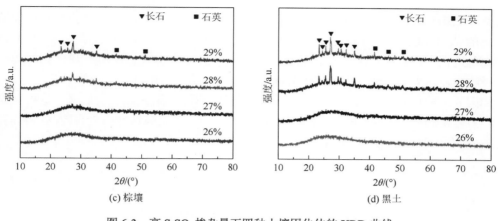

图 6-3　高 $SrSO_4$ 掺杂量下四种土壤固化体的 XRD 曲线

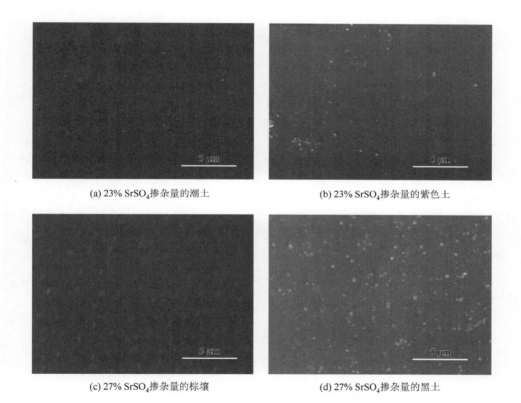

图 6-4　极限固溶度下四种土壤固化体的扫描电镜照片

6.2.2　结构分析

图 6-5 为超出极限固溶度时纯土壤固化体和掺杂土壤固化体的红外光谱。一般来说，$462cm^{-1}$ 附近的吸收峰归因于 Si—O 键的对称伸缩振动[3]，$789cm^{-1}$ 处是由 O—Si—O 键

的对称弯曲振动引起的[4]。1020cm^{-1}附近的宽吸收带是由 Si—O—Si 键的不对称伸缩振动引起的[3]。1380cm^{-1} 和 1628cm^{-1} 处的弱吸收峰是—CH$_3$ 和—OH 吸收峰。在红外光谱测试前制备过程中，乙醇和水可能会引入—CH$_3$ 和—OH。红外光谱中没有观察到与 Sr^{2+}相关的吸收带，这表明 SrSO$_4$ 中阳离子被固定在玻璃网络结构中。

如图 6-5(b) 所示，在黑土烧结样品[3]中观察到一系列与[AlO$_6$]有关的峰，这可能是由于 Al^{3+} 晶体相的产生。与棕壤中[AlO$_6$]的弱吸收峰相比，黑土烧结样品具有较高的结晶度。这与图 6-3(c) 和(d) 中的 XRD 结果一致。

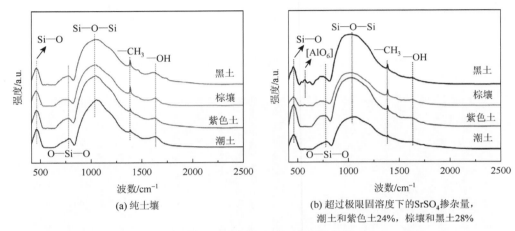

(a) 纯土壤

(b) 超过极限固溶度下的SrSO$_4$掺杂量，潮土和紫色土24%，棕壤和黑土28%

图 6-5　四种土壤烧结后的红外光谱

在铝硅酸盐玻璃形成过程中，Al^{3+}可以有序或无序地取代 Si^{4+}。铝氧四面体的 Al^{3+}与硅氧四面体的 Si^{4+}连接，形成玻璃网络结构[5]。因此，在纯土壤预处理中，Al$_2$O$_3$ 与 SiO$_2$ 物质的量之比可能会影响 SrSO$_4$ 的固溶度。棕壤和黑土的 Al$_2$O$_3$ 与 SiO$_2$ 物质的量之比大于潮土和紫色土，这大致与极限固溶度相符。这可能是由于铝氧四面体的体积大于硅氧四面体，导致玻璃网络结构中的空隙增加。因此，具有更多铝氧四面体的网络结构可以包含更多的 Sr^{2+}，如图 6-6 所示。

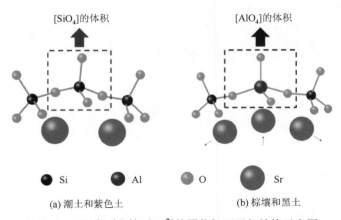

(a) 潮土和紫色土　　　　　(b) 棕壤和黑土

图 6-6　不同类型土壤对 Sr^{2+}的固化机理局部结构示意图

另外，带正电荷的 Sr^{2+} 可以补偿由 Al^{3+} 取代到玻璃网络结构中而引起的电荷差异[6]。随着 Al^{3+} 在烧结基体中含量的降低，玻璃相中可以容纳更多的 Sr^{2+}，以保持玻璃网络结构的电荷平衡。这可能是当紫色土的 Al_2O_3 与 SiO_2 物质的量之比大于潮土时，极限固溶度几乎保持不变的原因。

6.3　固化体化学稳定性

6.3.1　土壤种类的影响

图 6-7 为 Sr 浓度为 15% 与 20% 的棕壤、紫色土、潮土和黑土样品在 28d 浸出实验过程中 Sr 元素归一化浸出率（NR_{Sr}）。结果显示：浸泡的前 7d，Sr 元素归一化浸出率迅速降低，在 14d 之后 Sr 元素归一化浸出率趋于平缓。当 Sr 浓度为 15% 时，在三种 pH 下黑土 28 天的 Sr 元素累计浸出率最高。当 Sr 浓度为 20% 时，pH = 4、7 和 10 下黑土 28 天的 Sr 元素累计浸出率最高。

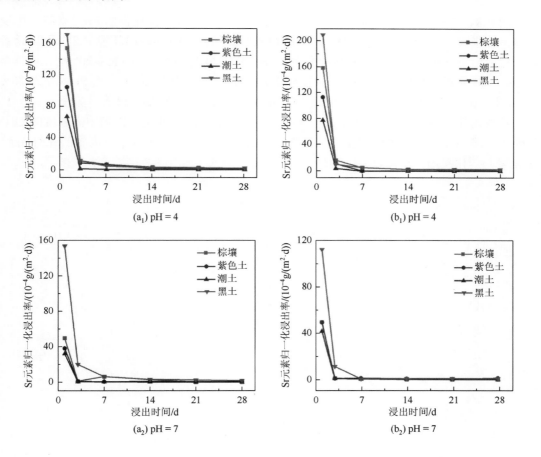

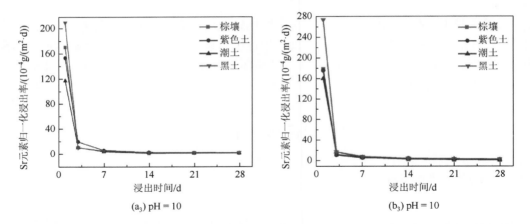

图 6-7　Sr 浓度为 15% (a₁: pH = 4; a₂: pH = 7; a₃: pH = 10) 和 20% (b₁: pH = 4; b₂: pH = 7; b₃: pH = 10) 时的 Sr 元素归一化浸出率

6.3.2　酸碱度的影响

图 6-8、图 6-9 分别为不同 pH 下 Sr 浓度为 15%、20% 土壤固化体的 Sr 元素归一化浸出率。结果表明，当 Sr 浓度为 15% 时，四种土壤在 pH 为 10 的浸出环境中 28 天 Sr 元素归一化浸出率均最高，即锶污染固化体的化学稳定性最差。当 Sr 浓度为 20% 时，pH = 4 下 28 天 Sr 元素归一化浸出率由高到低为黑土、紫色土、棕壤、潮土。当 Sr 浓度为 20% 时，pH = 10 下 28 天 Sr 元素归一化浸出率由高到低为黑土、棕壤、潮土、紫色土。

碱性条件下固化体中 Sr 元素归一化浸出率升高的原因主要是浸出剂中高浓度的 OH⁻ 与固化体的铝硅酸盐玻璃结构发生化学腐蚀。在 pH = 10 的浸出剂中，大量的 OH⁻ 导致 Sr 元素归一化浸出率升高。

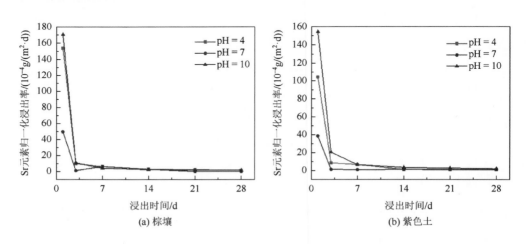

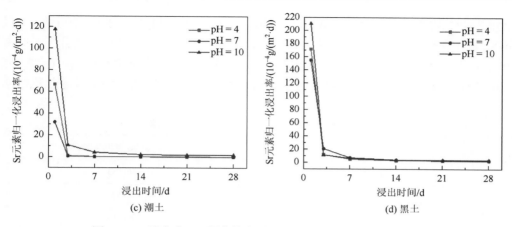

(c) 潮土　　　　　　　　　　　　(d) 黑土

图 6-8　Sr 浓度为 15%固化体在不同 pH 下 Sr 元素归一化浸出率

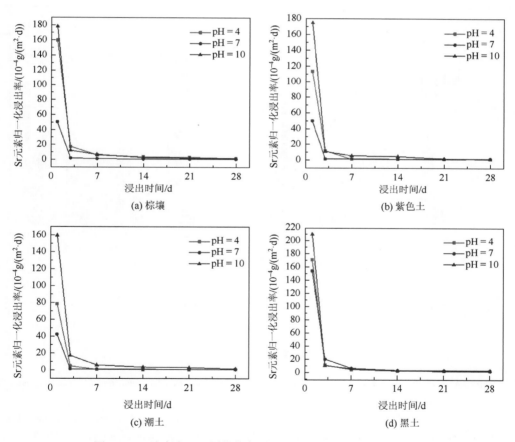

(a) 棕壤　　　　　　　　　　　　(b) 紫色土

(c) 潮土　　　　　　　　　　　　(d) 黑土

图 6-9　Sr 浓度为 20%固化体在不同 pH 下 Sr 元素归一化浸出率

6.3.3　土壤铝硅比的影响

为探究土壤组分与固化体中 Sr 累计浸出率的关系，表 6-4 中列出了四种土壤组分中

Al_2O_3 与 SiO_2 物质的量之比。图 6-10 中给出了土壤组分中 Al_2O_3 与 SiO_2 物质的量之比与 28d Sr 累计浸出率的关系。从图中可以看出，在相同的 pH 和 Sr 浓度的条件下，Sr 累计浸出率分数与 Al_2O_3 与 SiO_2 物质的量之比呈正相关，表明在所研究范畴内，随着土壤中 Al_2O_3 与 SiO_2 物质的量之比的增加，微波烧结土壤固化体中 Sr 累计浸出率逐渐升高。

表 6-4　各土壤组分中 Al_2O_3 与 SiO_2 物质的量之比

种类	Al_2O_3 与 SiO_2 物质的量之比
棕壤	0.1533
紫色土	0.1530
潮土	0.1257
黑土	0.1719

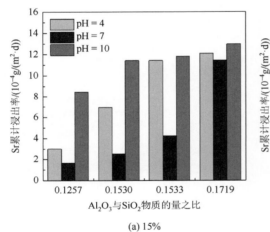

(a) 15%

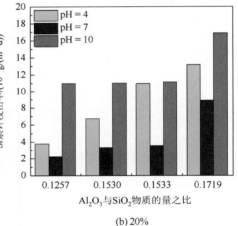

(b) 20%

图 6-10　不同 Al_2O_3 与 SiO_2 物质的量之比下 28d Sr 累计浸出率

参 考 文 献

[1]　Stales C A, Peterson D R, Parkerton T. The environmental fate of phthalate esters: A literature review[J]. Chemosphere, 1997, 35 (4): 667-749.

[2]　Onda Y, Kato H, Hoshi M, et al. Soil sampling and analytical strategies for mapping fallout innuclear emergencies based on the fukusima dai-ichi nucear power plant accident[J]. Jouraal of Enviromental Rodioactivity, 2015, 139: 300-307.

[3]　Stefanovsky S V, Stefanovsky O I, Kadyko M I. FTIR and Raman spectroscopic study of sodium aluminophosphate and sodium aluminum-iron phosphate glasses containing uranium oxides[J]. Journal of Non-Crystalline Solids, 2016, 443: 192-198.

[4]　Vicente-Rodríguez M A, Suarez M, Bañares-Muñoz M A, et al. Comparative FT-IR study of the removal of octahedral cations and structural modifications during acid treatment of several silicates[J]. Spectrochimica Acta Part A: Molecular and

Biomolecular Spectroscopy，1996，52(13)：1685-1694.

[5]　　Xiang Y，Du J C，Smedskjaer M M，et al. Structure and properties of sodium aluminosilicate glasses from molecular dynamics simulations[J]. The Journal of Chemical Physics，2013，139(4)：044507.

[6]　　Weber W J. Radiation and thermal ageing of nuclear waste glass[J]. Procedia Materials Science，2014，7：237-246.